華 健 著

生物能源概論

Introduction to Bioenergy

五南圖書出版公司 印行

作者序

對於臺灣，生物能源是各種再生能源當中最具開發潛力，卻長期被忽略的。歸納生物能符合臺灣永續目標的理由，主要在於其為既有、具多重用途、易和既有基礎設施整合、易儲存，可協助風、太陽等再生能源擴充，以及和碳捕集與儲存結合，尚可帶來負碳排放。

臺灣再生生質來源的初步規劃，例如面臨除役的協和火力電廠，搭配鄰近原深澳電廠及港口，以環島船運為主，收集源自全台農、林、產業殘料等生物質量，經過選別、加工成為以發電為主的不同等級與類型燃料。

本書對各種不同，以生物質量生產能源的方法，提出整體介紹。其著眼於不使用玉米、甘蔗等糧食，而改以木質纖維、細菌和藻類，來生產再生能源。

希望這本書有助於對能源、再生能源、生物能源及永續未來等議題感興趣的讀者。這本書也可作為生物能源相關課程的課本或參考書。

了解生物能，值得提醒讀者的是，根據世界銀行的數據，當今全球82億人口當中，仍有11.5%活在貧窮當中，其中更有超過7億人，處於無法獲得基本溫飽的極貧窮狀態。因此，我們務實追求永續，首先便必須致力讓窮人脫貧。而充分發揮生物能的價值，便可望收減少貧窮之效。

目　錄

第一章

生物能源在經濟發展中扮演的角色

一、綜觀生物能源

如圖 1-1 所示，太陽的光與熱製造出雨、雪等降水（precipitation），同時也透過光合作用（photosynthesis）造就了植物的生長。這些植物的組成，便是生物質量（biomass），簡稱生質。在各類型再生能源（renewable energy）當中，生物質量的利用最多元，除了電與熱，其尚可用來產生車輛等交通工具的燃料。

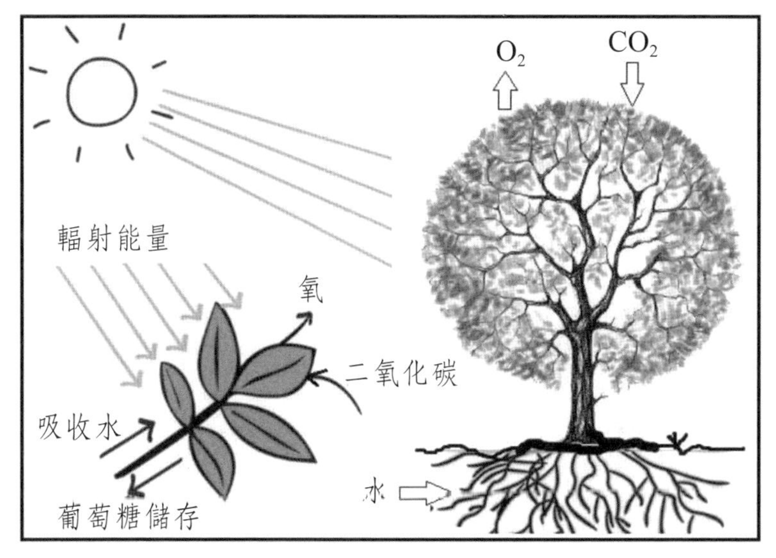

圖 1-1　生物能源光合作用

1. 什麼是生物能源

生物能源（bioenergy）是從生物質量產生的生物燃料（biofuels），屬於再生能源。如圖 1-2 所示，通常生物質量在此指的就是作爲生物燃料的植物，但同時也包括，用來生產纖維化學品或熱的動物或植物性物質。此外，生物質量也包括，可以當燃料燒的可生物分解廢棄物（biodegradable waste）。

其實，生物能就像煤和石油一樣，都算得上是儲存著的一種太陽能（solar energy）。植物在生長過程中，透過光合作用擷取太陽能儲存在體內，成為生質。

人類最初從大自然獲取能源的方式，便是燒柴取暖和烹煮，如今這仍是主要的生物質量能源（或簡稱生質能）轉換技術。嚴格來說，生質一詞指的應該是用來製造燃料的生物原始材料。至於生物燃料或生物氣（biogas），則分別為一般指的液體或氣體燃料。

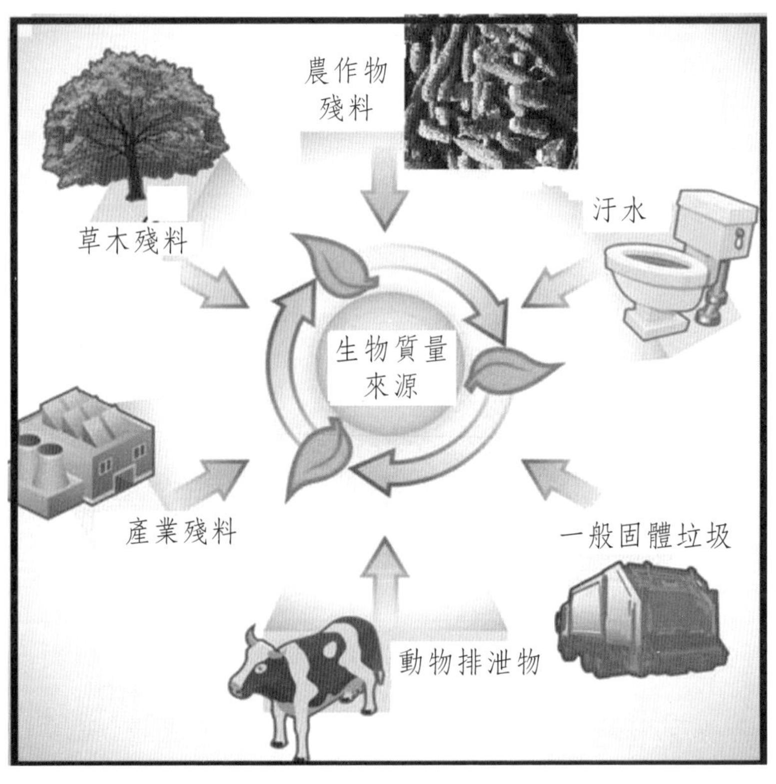

圖 1-2　生物質量來源包括草木與農林廢料、一般固體垃圾、加工廢棄物等廢料

2. 能源作物

基於石油等化石燃料預計在未來幾十年趨於枯竭，加上氣候變遷等危機意識，世界各國普遍把生物質量視為未來重要替代能源（alternative energy）。大量種植能源作物（energy crops）的農場，也陸續在許多國家建立。

圖 1-3 所示為在英國準備收穫，用來發電的芒草（miscanthus）。

生物能作物可依其能量載具（energy carrier）的材質組成分成三大類：

- 用來生產燃料乙醇（ethanol）的澱粉與糖分作物，
- 可催化成為生質柴油的油類作物，以及
- 富含纖維素（cellulose）與半纖維素（hemicellulose）及木質素（lignin）的木質纖維作物，可用來產生熱、電、生物氣及乙醇。

這些堪稱工業化種植的生質能，勢將衝擊到接下來很複雜的全球碳、氮、磷，以及水的循環。其也可能引發諸多全球性問題，亟待進一步量化與了解。如此方能找出具最高轉換效率，同時負面效果最小的永續生物能源的開發策略與路徑。

圖 1-3　英國的能源作物芒草田

二、生物能循環

如圖 1-4 所示，生物能源是順著地球的自然循環產生的。其永續利用大自然能源的流通，也等於是在模仿地球上既有的生態循環，同時可對空氣、土壤、河川和海洋，排放最少的汙染物。

圖 1-4　順著自然循環進行的生物能源

而整個過程當中所產生的碳，也是取之於大氣，最後又歸還給大氣；產生能源所需要的養分，可取之於土壤，最後又歸還給土壤。至於源自於循環當中一部分的殘餘物，則成了整個循環下個階段的輸入部分。

如圖 1-5 所示，植物在成長過程當中，經由光合作用從大氣中擷取所需要的二氧化碳（CO_2），轉換成爲植物（樹、灌木、草及其他作物）的生物質量。接著，我們將這些生物質量連同其殘餘物，一道轉換成了建材、紙張、燃料、食物、牲口飼料，以及其他由植物所轉換出來的化學品，像是蠟、清潔劑等。另外，有些植物也可以種來作爲淨化空氣、過濾地表逕流、穩定土石、提供動物棲息，以及生物能源等用途。

在各種不同類型的生物質量加工過程（圖 1-5 右上角廠房）當中，我們也可選擇一些源自城鎮的固體廢棄物（municipal solid waste, MSW），和森林與作物的殘餘物結合起來，供作爲進料。這個新的生物質量加工過程或稱爲生物提煉（biorefinery），可生產一系列產品，包括燃料化學品的生物基礎材質與電力。

我們的理想目標是：各種生質加工設施，都設計得可以很有效率的方法，將廢料減到最少，同時將養分和有機質（organic matter）循環回到大地，而盡可能達到將整個循環關閉起來。

如此一來，整個循環當中，源自於生質的二氧化碳釋回大氣，可幾乎不致對大氣增添新的碳。過程當中，必須將生物能作物種到最好的狀態，並將其腐質部分摻到土壤裡，進而將一部分二氧化碳淨儲存（net sequestration）或長期固定（fixation）到土壤的有機質當中。如此可世世代代，穩定、不致耗竭資源，持續綿延。

圖 1-5　生物質量的使用與流通

三、生物能源類型

圖 1-6 所示，爲生物能源的三種主要類型。

使用生物能源，其進料的生產與收成可能包括：

- 能源作物，
- 農業作物和林木殘料，及

・一般廢棄物。

如圖 1-7 所示，在木屑儲存倉內中央，攪拌器以螺旋輸送帶將木屑傳送到鍋爐燃燒。有了這些進料，需透過以下整合成的生物提煉製程，轉換成燃料：

・採用糖與木質素等中間物的生化轉換技術，及
・採用生物油和氣態中間物的熱化學轉換技術。

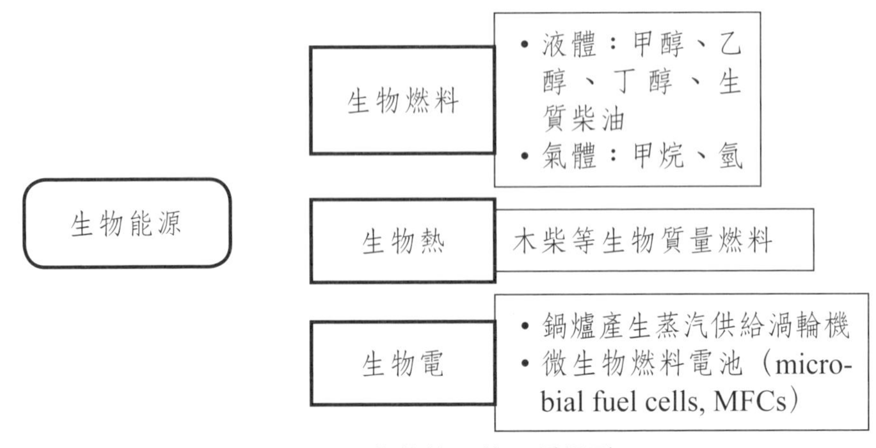

圖 1-6　生物能源的三種類型

圖 1-7　儲存倉內正進行輸送的木屑

接著，需藉由以下基礎設施進行輸送：
- 管路與槽船等配送載具，
- 燃料添加站，及
- 車輛。

四、生物能源的使用方式

目前生物能源最主要的使用方式包括：
- 燃燒農、林、工業殘料和MSW，以產生熱與電；
- 源自玉米、甘蔗的乙醇；以及
- 源自蓖麻籽、黃豆等油作物的生質柴油。

1. 作為熱源的生物能源

能源的使用，作爲熱源照說是很重要的一部分，但卻往往不受重視。目前最終能源消耗量當中，超過一半都用於產生熱，且大多源自化石燃料。其主要用在兩方面：
- 建築：供暖、熱水、烹煮，及
- 工業：工業加工，包括高溫加熱和化工進料。

生質加熱系統可能藉由以下方法，從生物質量產生熱：
- 直接燃燒，
- 氣化，
- 整合熱與電，及
- 厭氧或需氧消化產熱。

圖 1-8 所示爲工、商業和住家取暖與冷卻系統的各種熱源。生物熱能在工業界持續成長，但用在建築上的卻停滯不前。

2. 工業用生質

預計未來使用生物質量的工業包括：

非能源密集產業所需熱與蒸汽	高溫應用
➢ 食品與飲料：預計 2060 年占工業用生物能源近八成 ➢ 造紙業 ➢ 木加工業乾燥	➢ 水泥業 ➢ 鋼鐵業 ➢ 化工業

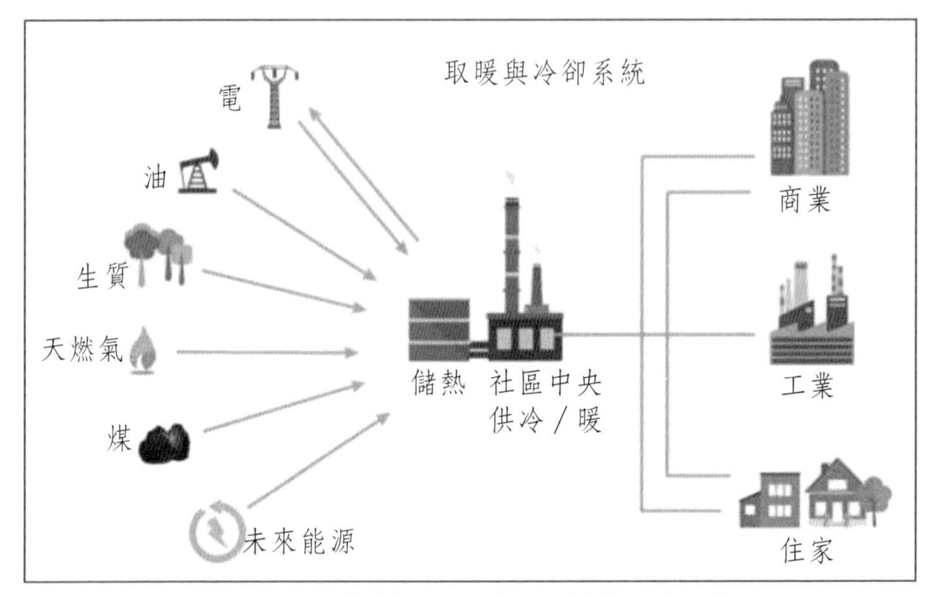

圖 1-8　工、商業和住家取暖與冷卻系統的各種熱源

五、全球生物質量分布

在如圖 1-9 所示全球生物質量潛勢分布圖當中，顏色愈深表示數量愈大。

生物質量正在全世界快速發展。例如自 2011 年以來，生物能發電每年都穩定成長超過 6%，2018 年之後每年更是增加超過 8%。此增幅超過 2050 年之前淨零排放情境，預計在 2030 年之前，年增幅達 7% 的要求。圖 1-10 所示，為 2005 至 2019 年間，世界主要發展生質能國家的人均生質能，和其在總能源供應占比的成長情形。

以下摘述各類生質能在全世界的發展情況：

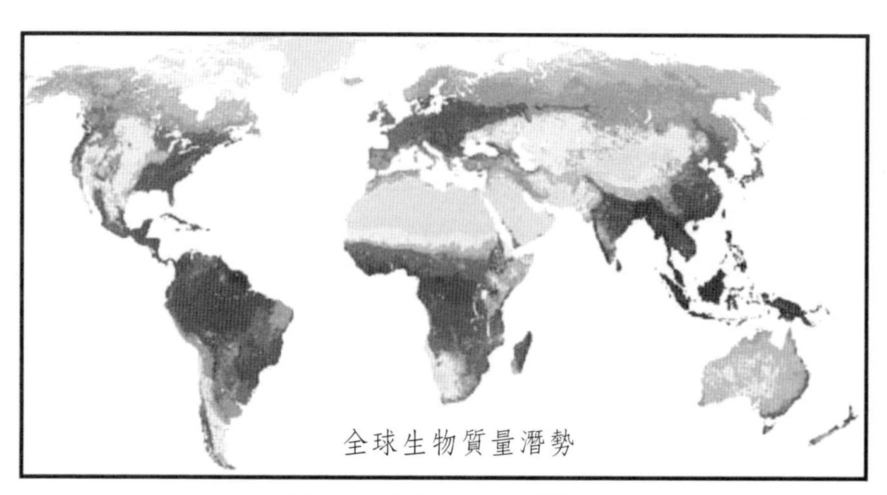

圖 1-9　全球生物質量分布

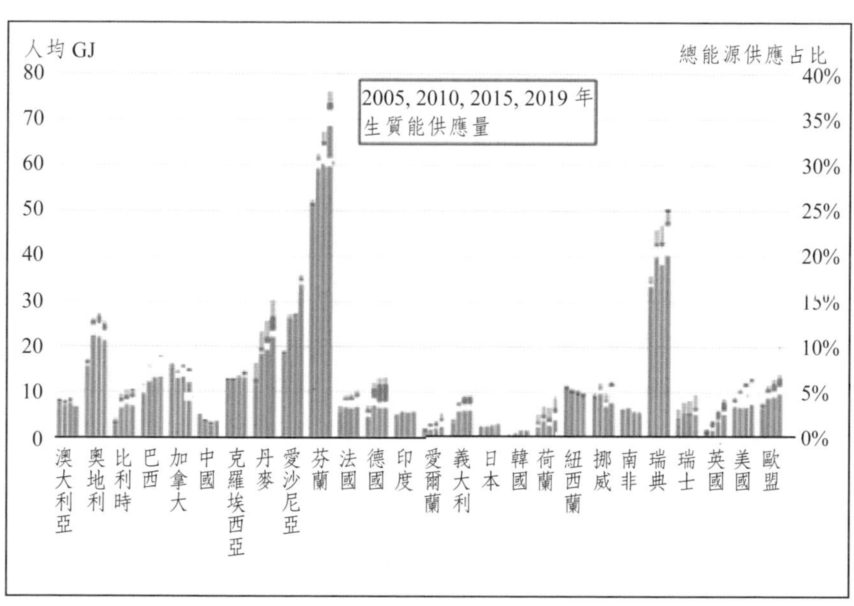

圖 1-10　2005 至 2019 年，世界主要生質能國家人均生質能和其在總能源供應當中占比

- 固體生質能是所有國家最主要的生質能類型。用得最多的國家，一般都擁有高人均森林面積，並具備相當規模的木材加工業，且其森林面積持續擴大。
- 在丹麥、芬蘭和愛沙尼亞，有超過 15% 發電來源為生物能源，其次為英國、瑞典、德國及巴西。其餘多數國家的生質能發電，占比在 2 至 5% 之間。

- 少數國家（例如荷蘭、英國、比利時、丹麥）雖然國內森林的生質潛力有限，其仍仰賴進口生物質量提升生質能使用，以追求永續。
- 多數國家的生質能發電以固體生物質量爲主，然德國、義大利及克羅埃西亞的生質能發電，主要源自生物氣。瑞士的生質能電力，則主要源自 MSW。
- 以 MSW 產生熱與電，取決於國內的廢棄物管理系統。這方面以具有完善垃圾收集系統的北歐與西歐屬最先進，其幾乎完全淘汰了垃圾掩埋。
- 生物氣的利用，德國最先進，其他如丹麥等國亦加緊跟進。此生物氣最主要直接用於熱電共生，所產生氣體的品質已加速升級，足以供入氣網（gas grid）。丹麥的生物氣使用，最高時占天然氣用量四分之一。
- 液體生物燃料亦持續成長，尤其是用作運輸燃料的。在巴西和瑞典所使用的液體生物燃料，已達相當於所用石油的 15%。其餘多數國家所使用液體生物燃料，大約相當於石油用量的 2 至 5%。

六、開發中和已開發經濟的生物能源

木材與其他生物燃料的生物質量，是世界上，尤其是開發中國家的主要能源。另外在有些經濟開發程度較高的國家，則以從生物來源產出的液態和氣態燃料及廢棄物，作爲其主要能源。

固體生物燃料（圖 1-11）應屬全世界最雜的能源，主要在於其成分和燃燒行爲。其包括柴火、木炭等加工過的柴火、森林與農業殘料及牲口糞便。這些在開發中國家和低度開發國家，皆爲傳統家戶燃料。

在非洲，固體生物燃料占超過八成能源需求，尤其是用來烹煮。在亞洲、非洲、拉丁美洲等許多開發中國家，一方面其所需電力僅小幅度逐步增加，同時又擁有豐富的，像是稻殼、甘蔗渣等作物加工廢棄物之生質來源。因此這些國家極適合大力開發生質，作爲發電能源。

木材加工過程所產生的殘餘物，透過熱電共生（combined heat and power, CHP）設施擷取其中能源，已有許多相當成功的實例，目前正進一

圖 1-11 各種來源的固體生物燃料

步研發，以降低該項電力的成本。隨著這方面的進步，不僅可促進工業與農業的成長，同時也有助於環境並創造工作機會，確保國家能源安全，進一步還可提供新的出口市場。

七、生物能源類型

時至今日，世界上最常見的生質燃料，仍屬農村用得最多的木材、牲畜糞便和作物殘渣。全世界各地爲了取暖或烹煮，往往在屋裡裝設某種類型燃燒木料的火爐，使得生物質量成爲用得最廣泛的一種能源形式。發電廠及工商業設施採用生物質量來發電的，也愈來愈普遍。

只不過，當今大多數人用來轉換生物質量成爲能源的方式，效率都還太低，且往往有嚴重的汙染問題，亟待改進。加上從樹木、作物、糞便等獲取能源，若採用的是類似全面砍伐等難以爲繼的作業方式，則這類生質能源便算不上是永續能源。

對於農民而言，大量生產生質能源作物，可能因爲既有作物所提供的附加收入來源，而成爲可獲利的一項選擇。許多國家不乏原本從事傳統農作生產的農地，目前都處近乎停擺狀態，若能將能源作物加入生產，則可望恢復生產狀態。選擇一些多年生草本與木本能源作物，還可收像是水土保持、抗旱及提供動物棲息地之效。

開發能同時生產食物、燃料、化學品及纖維產品整合系統等，較具生產力的農業，可爲農民帶來更多收入，並創造出更多鄉村的工作機會。此外，擴大生質能部署，更可爲發電或動力設備業者、發電廠經營者及農業設備業者，創造出高技能和高價值的工作機會。

如此使用生質能源可獲致許多環境上的效益，特別是相較於使用化石燃料。儘管在燃燒生物質量的過程中，將不可避免排放二氧化碳，然作爲此生質燃料的樹木和作物，在成長過程當中，其實也可從大氣當中吸收等量的氣體。

所以生物質量等於藉由如圖 1-12 所示碳循環（carbon cycle），將其對地球暖化、氣候變遷等的影響，減到最輕的程度。當然，若能將廢棄的生物

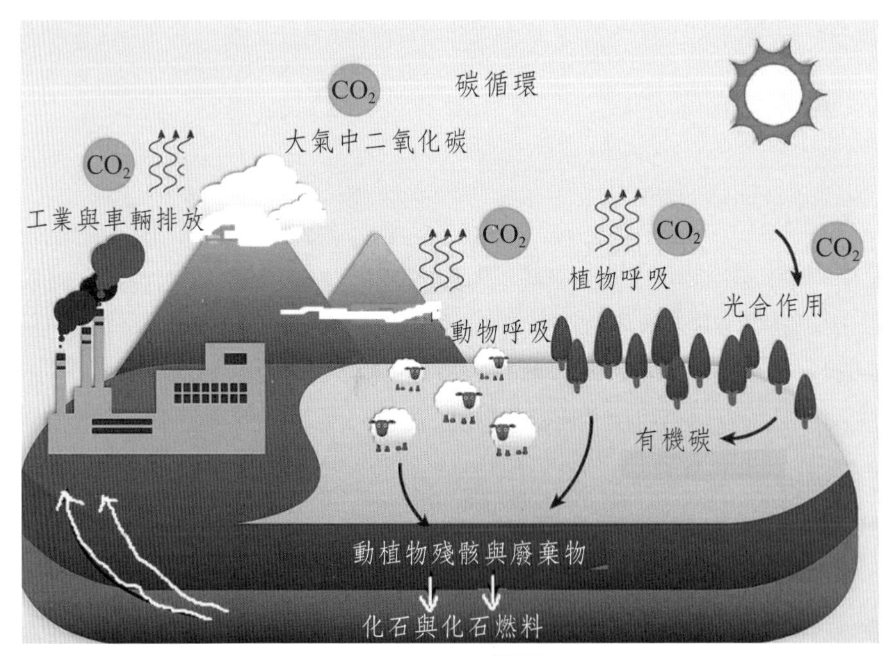

圖 1-12　碳循環

質量充分利用（如圖 1-13），也可收減輕掩埋場或都市焚化爐處理廢棄物負荷之效。

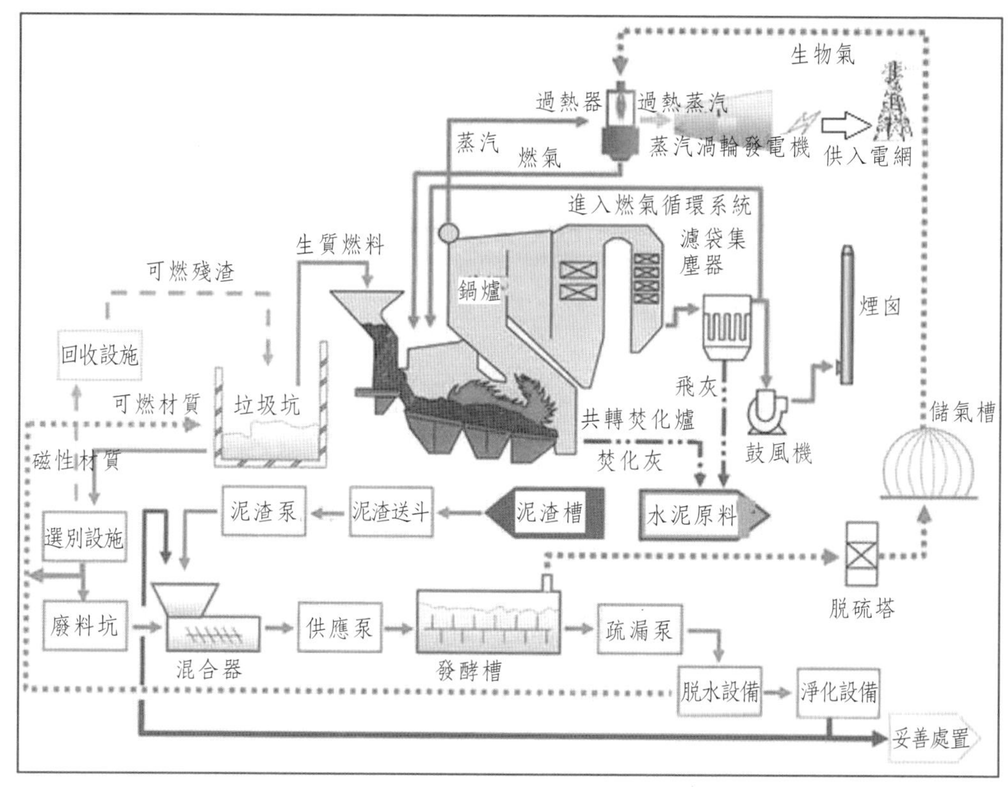

圖 1-13　利用城鎮廢棄物作為生物能源

生質燃燒後大多數生質灰燼（bio-ash）因含有相當高的鉀等肥力成分，而同時可用來作爲農業或園藝改善土質的添加劑。

八、為什麼要用生物能源？

簡單回答這個問題：我們不能繼續用化石燃料（fossil fuel）了！

蘊藏在地殼底下的煤、石油和天然氣這類化石燃料，是各種古生物經過數以百萬年，在高溫、高壓「熬煮」而成的。過去一、兩百年來，這些有限的能源，被人類大肆開採、使用，長此以往，不久即將枯竭。而且在此過程中，還持續對人體健康和環境，帶來無以彌補的傷害。接下來，我們除了節約、更有效率的使用能源，也必須加緊尋求較潔淨且符合永續的替代能源。

相對於化石燃料，生物能源堪稱永續替代選項（sustainable alternative）。其可從當地的，像是植物和廢棄物等來源生產出來，而且可持續補足。化石燃料，就幾乎完全須仰賴進口，有很大的能源安全（energy security）顧慮。

再生能源在臺灣目前的能源政策當中，大致僅著眼於發電。然務實面對能源轉型，各型車輛、船舶及飛機等用的再生運輸燃料（renewable transportation fuels）必須扮演重要角色，亟待加強研發。生物質量即爲最具潛力的運輸用再生能源。此外，在以下情況下，生物能源還可爲紓緩氣候變遷做出貢獻：

- 生物質量的種植符合永續或是以廢料與殘料爲基礎；
- 能有效率的轉化成爲能源產品；以及
- 用以取代具高強度溫室氣體（greenhouse gases, GHGs）的燃料。

九、生物能源的成功要素

生物能有可能減少或增加 GHGs 排放，而且對當地環境的影響，仍存在著疑慮。早期的生物能源大多源自像是如圖 1-14 所示的玉米、大豆、馬鈴薯、小麥、甜菜、甘蔗等糧食或飼料的能源作物（energy crops）。如今這些能源作物當中，至少需含有八成可再生材質，才能算得上是生物燃料。儘管生物質量已被相當廣泛使用了超過 30 年，其效率與永續性仍存在著很大的改進空間。爲能成功，便需考慮三項關鍵要素：

- 原料的供給性、品質和價格，
- 轉換技術，營運管理，以及
- 永續性，包括森林復育、脫碳及土地的改變。

其中，原料的供給性、品質及價格，應爲最重要的成功要素。儘管經

圖 1-14 早期的能源作物

過評估，認爲具高潛能，卻不見得就能在將來，仍能持續供應得上。物流鏈（logistic chains）和原料品質，都必須一併考量。此取決於目前和未來，對於最終產品的品質要求。

目前生質顆粒（pellet）的國際標準不高，但隨著國際趨勢發展，市場上終將要求提供最佳品質的顆粒。更何況，各種不同燃料的價格，取決於其合適性、排放及效率。在有些效率和排放法規較寬鬆，加上人力充分的國家，投資者會傾向選擇採用較便宜且勞力較密集的系統。其缺點是可獲取性和效率偏低，排放和安全風險也往往較高。

圖 1-15 所示爲從供料、生產加工，到各種產品最終使用的一整套生物能源使用系統。其中有些技術看似可行，例如生質熱解（pyrolysis）和氣化（gasification），卻往往因爲不合於當地背景，而終告失敗。

在工業化國家，使用並提升廢棄物等級，特別是木業，因爲可促進獲利，而愈發重要。大型鋸木廠可利用樹皮和加工殘料，運轉 CHP 系統，同時產生本身所需要的電與熱。在廠內，木柴乾燥和木粒的生產，都需用到熱。以澳大利亞爲例，這些從廠內回收的能源（包括電、熱、木粒），大約占整個鋸木產業收入的四分之一，而使其足以和其他國家競爭。

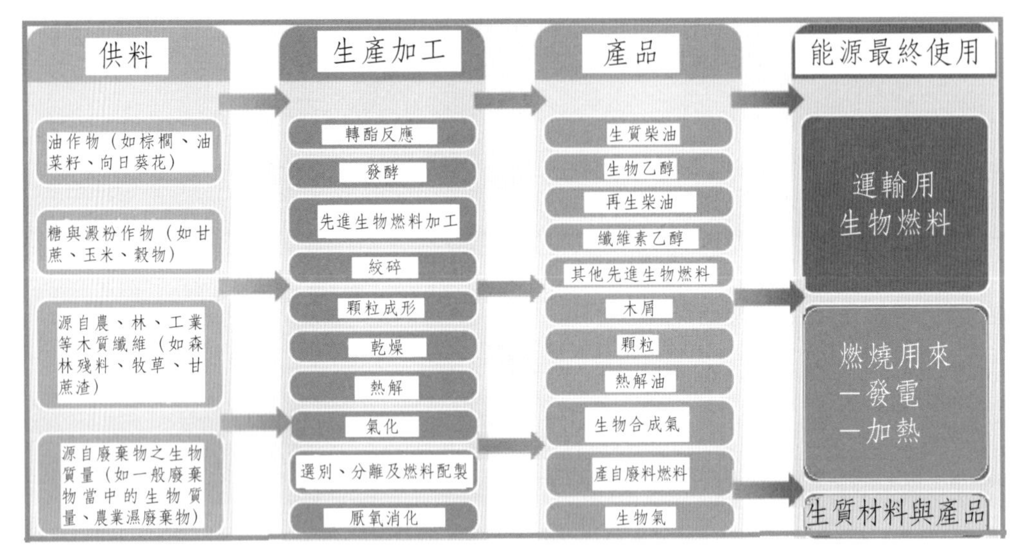

圖 1-15　生物能源使用系統

生物質量因其碳中和，而可為循環經濟（circular economy）和環境平衡提供極高可能性。其並且可為例如農、林業者及木材與食品加工業者和社群，提供額外收入。而生質計畫更可為農民等大衆提供參與的機會。

儘管不乏維持長期合作的成功實例，但在傳統上採用生物質量，作為生活之用的開發中和低度開發國家，卻因不當燃燒，而存在著許多負面後果。這些包括過度開發資源和森林濫伐，以及健康與環境等問題。

藉由先進、高效率且低排放的設備，而非傳統技術，來使用當地生物質量，堪稱較永續的選項。最重要的是，如此可創在當地工作機會，同時保留當地的價值。

第二章

生物能源技術

一、生物燃料

二、以木粒作為生物質量

三、生物質量來源

四、傳統生物能源

五、第一代、第二代及第三代生物燃料

六、第二代生質燃料

七、第三代生物燃料

一、生物燃料

幾乎所有源自於工業、農業、森林及家庭，可以生物分解的產物，都可用作生物燃料，包括像是稻草、木屑、糞便、稻殼（圖 2-1）、汙水、可生物分解廢棄物及廚餘等。圖 2-2 爲使用生物燃料，從能源作物進料、運送，到提煉、加工，接著配送到最終使用的整個生命週期。

圖 2-1　稻殼

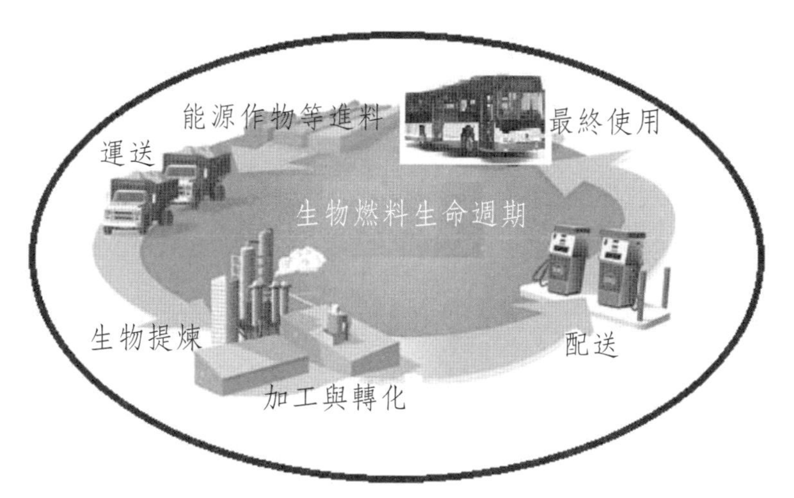

圖 2-2　生物燃料的生命週期

用來作爲生物燃料的原料，大多是其他利用價值偏低的成分，像是如圖2-3所示，即將送入鍋爐燃燒的林木殘料。生質燃料有一大優點，是其他燃料所沒有的，便是其容易被生物分解。因此萬一溢出（spilled），結果對環境所造成的傷害，也相對小很多。

圖 2-3　準備送入鍋爐燃燒的林木殘渣

燃燒生物燃料，會產生二氧化碳和其他溫室氣體。然而，生物燃料當中的碳，畢竟是來自於植物生長過程當中，從大氣吸收的二氧化碳。至於生物燃料是否可視爲碳中和（carbon neutral），則端視其在使用過程當中所排放的碳，是否能被生長過程中所吸收的抵消掉而定。無庸置疑，砍伐生長百年的森林作爲生質燃料，算不上有任何碳中和的效果。

然而，以生質燃料來取代非再生能源，有時也會被當作降低大氣當中二氧化碳的選項之一。壓扁、乾燥了的動物糞便，有時也可視爲生質燃料。然而，比起煤和石油，動物糞便只能算是較近期的化石燃料（fossil fuel）。

二、以木粒作為生物質量

圖2-4所示，爲準備加到暖爐當中用來取暖的木粒（wood pellet）燃料。其中的木粒，由於具備密集能源含量和標準化的性質，在全世界生物能

源市場上極具潛力。

在法國的木料能源計畫（Wood Energy Plan）當中，即鼓勵使用最新的，效率可達 65% 的木料加熱設備。該計畫同時也大力推動將木料應用在工業和公共部門當中。

木粒可用來作爲家庭取暖的燃料。德國於 2005 年的木粒暖氣系統（如圖 2-5 所示）即達 4 萬組，帶動整個歐洲同步成長，包括進一步設置燃燒木粒的中央供暖系統。

圖 2-4　即將送進暖爐當中的木粒燃料（圖左）和其燃燒畫面（圖右）

圖 2-5　家庭用木粒爐

表 2-1 所列，爲木粒的一些關鍵性質。大部分生物質量顆粒，都是從鋸木屑（saw dust）壓縮而成，但也有從草桿等其他廣泛植物來源做成的。無論原料是什麼，只要做成顆粒（可能需預作乾燥），它就變得既穩定又容易運送，且還可成爲國際貿易商品。歐洲就曾經歷過木粒消耗迅速攀升，甚至在短期內倍數成長。

表 2-1　小規模使用的木粒關鍵性質

尺寸	長度 20～30 mm，直徑 6～12 mm
水分	小於 10%
熱值	4.7～4.9 kWh/kg
總體密度	600 kg/m^3
含灰率	小於 1%

資料來源：European Pellet Council, 2013

三、生物質量來源

生物燃料可根據其生物質量的來源，大致分成兩大類：使用和不使用糧食作物。以下介紹不使用糧食作物的生物質量來源。

1. 森林與木材業

天然森林與木材產業所栽植的林木（圖 2-6），爲生物質量的最大來源。此來源涵蓋範圍甚廣，包括各種不同性質的各種生物燃料，像是木頭、樹皮及木片殘料等。

2. 可生物分解廢棄物

可生物分解廢棄物（biodegradable waste）這類生物質量有許多形態，包括城鎮固體廢棄物（domestic solid waste, DSW）的有機成分、木質廢棄物、一些廢棄物做成的燃料及汙泥渣（sludge）等。

以廉價的有機質（例如：農業廢棄物），透過有效率的製程生產出液體和氣體生質燃料，以取代油和天然氣，也已逐漸成爲趨勢。

圖 2-6　人工林疏伐產生的殘料

四、傳統生物能源

「傳統」的生物能源，可說相當不永續，主要因為：

- 傳統上烹煮、燒熱水和家中取暖，採用的是開放或是簡陋爐子燃燒生物質量，效率很低，大概只有 5～15%；
- 會產生很多微粒（particulate matter, PM）等各種汙染物，對健康和環境構成嚴重威脅；以及
- 當地供應的生質來源，會不足以符合永續的供應量。

估計目前全世界仍有超過 25 億人，需仰賴傳統燃燒生物質量的方式，作為其主要能源。讓這些人早日脫離使用傳統生物質量，亟待國際間共同努力。

圖 2-7 所示，為這套從進料到燃料的生物能源路徑。木材與木質殘料可直接當作燃料使用，或是加工成為顆粒等型態的燃料。其他像是柳枝稷（switchgrass）、芒草和竹等植物，以及如圖中所示，木廢料、農林廢料、一般固體垃圾及加工廢棄物等廢料，也都可用作燃料。提升這些生質原始材料的方法，大致可分成熱、化學及生化三類。

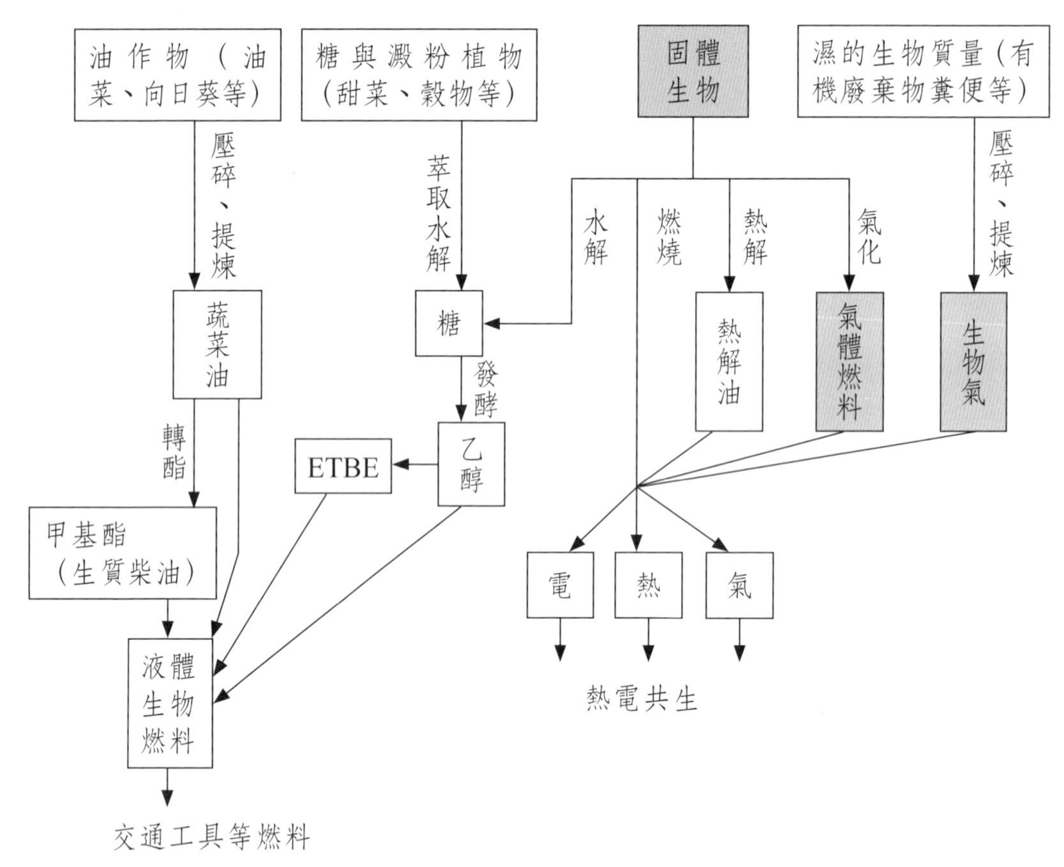

圖 2-7　從進料到產品的生物能源路徑

顧名思義，熱轉換（thermal conversion）加工，採用熱作爲提升生質成爲較佳且較好用燃料的主要機制。其基本選項有乾燥（或烘焙，torrefaction）、熱解（pyrolysis）及氣化（gasification）。其間的差異主要在於，對供給氧氣和轉換溫度的控制。

化學轉換（chemical conversion）主要採用的是已經建立，對煤的加工過程。例如藉由費托合成（Fischer-Tropsch synthesis），可將生質轉化成多種化學商品。

生化轉換（biochemical conversion）加工在於打破生質分子組成。這類加工包括厭氧消化（anaerobic digestion）、發酵（fermentation）及堆肥

（composting），其中大多會利用微生物進行轉化。

使用傳統生物燃料，除了縮小尺寸和乾燥外，大多未經加工。自從第一次石油危機以來，適用於木屑這類生物燃料的自動化一貫作業設備，陸續被開發出來並持續改良。如今這類燃料已相當廣泛用於地方供暖系統，以及包括發電在內的工業用途。

一般來說，燃燒固體生物質量，會比燃燒氣態或液態燃料來得複雜。畢竟固態生物燃料含有相當比率不可燃成分，會造成燃燒系統的磨損、堵塞和汙損等問題。除此之外，我們還需考慮到燃燒後的排放及灰燼的處置問題。

未來採用新的技術，可望讓我們徹底利用整棵生長快速的植物，來生產乙醇（ethanol）等液態燃料。如此，可望讓經濟與環境同時受到較好的保障。此外，選擇一些如圖 2-8 所示，多年生草本和多年生生物能源作物（perennial bioenergy crops），還可收像是水土保持、抗旱及改變動物棲息地之效。

灌木柳（shrub willow）

雜交白楊（hybrid poplar）

柳枝稷（switchgrass）

芒草（miscanthus, Chinese silvergrass）

多年生高粱（perennial sorghum）

草原原生混合植物（native prairie mix）

圖 2-8　各種多年生草本和多年生生物能源作物

五、第一代、第二代及第三代生物燃料

第一代生物燃料的來源，必須是源自甘蔗和玉米等特定的作物的油、糖和澱粉等特定部分。在這類生物質量當中的糖，經發酵產生如同酒精燃料的生物乙醇，用來作爲汽油、燃料電池（fuel cell, FC）等的添加劑，再用來發電。美國和巴西已廣泛採用。從蓖麻籽或甜菜等生產出來的生質柴油（biodiesel），則廣泛用在歐洲。

六、第二代生質燃料

幸好，第二代的生物燃料已可利用非糧食生物質量，例如多年生草或木材質，或像是穀物的秸稈等生物廢棄物來生產。這類燃料的進料，可源自邊際土地或可耕地上主要作物的副產物。源自工業、農業、林業和家戶的廢棄物，可採用厭氧發酵來生產生物氣或經氣化生產合成氣，或是直接燃燒。

以下爲目前尙處開發中的第二代生質燃料：

- 生物氫（BioHydrogen），
- 生物二甲醚（Bio-DME），
- 生物甲醇（Biomethanol），
- 熱液升級柴油（Hydro Thermal Upgrading diesel, HTU diesel），
- 費托柴油（Fischer-Tropsch diesel）。

生物二甲醚、費托柴油、生物氫、柴油及生物甲醇，全都是從合成氣（synthesis gas, syngas）生產出來的。而此合成氣則是藉氣化生物質量所產生。熱液升級柴油，則是特別從濕生物質量（wet biomass stock）透過高溫、高壓產生的一種油。其可以任何百分比和柴油混合使用，而無須修改引擎等硬體設施。

圖 2-9 所示爲生物氫的生產方式，其中發酵生產生物氫的路徑如圖 2-10 所示。生物氫也是氫，只不過其源自於生物質量，先是將生物質量氣化產生甲烷（methane），接著再將此甲烷重組產生氫。此氫可用於燃料電池。

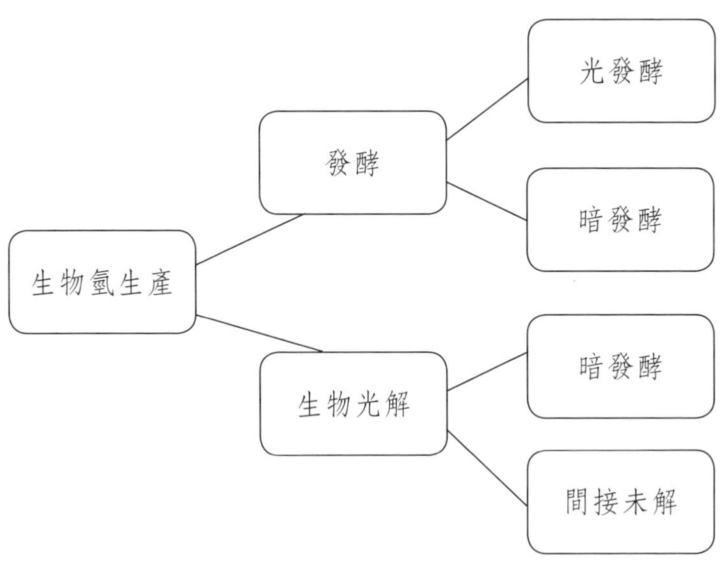

圖 2-9　生物氫生產方式

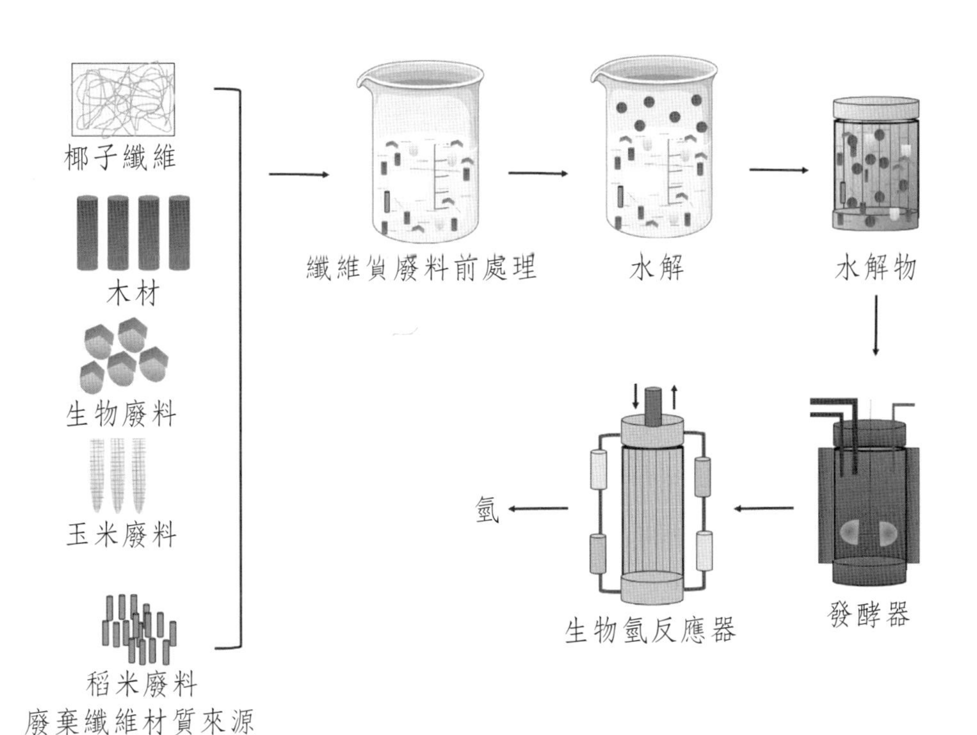

圖 2-10　生物氫發酵生產路徑示意

生物二甲醚和二甲醚相同，只不過其源自於生物。生物二甲醚可從生物甲烷透過催化脫水（catalytic dehydration），或從合成氣利用二甲醚合成過程產生。二甲醚可用於壓縮點火（compression ignition, CI）柴油等引擎，如圖 2-11 所示。

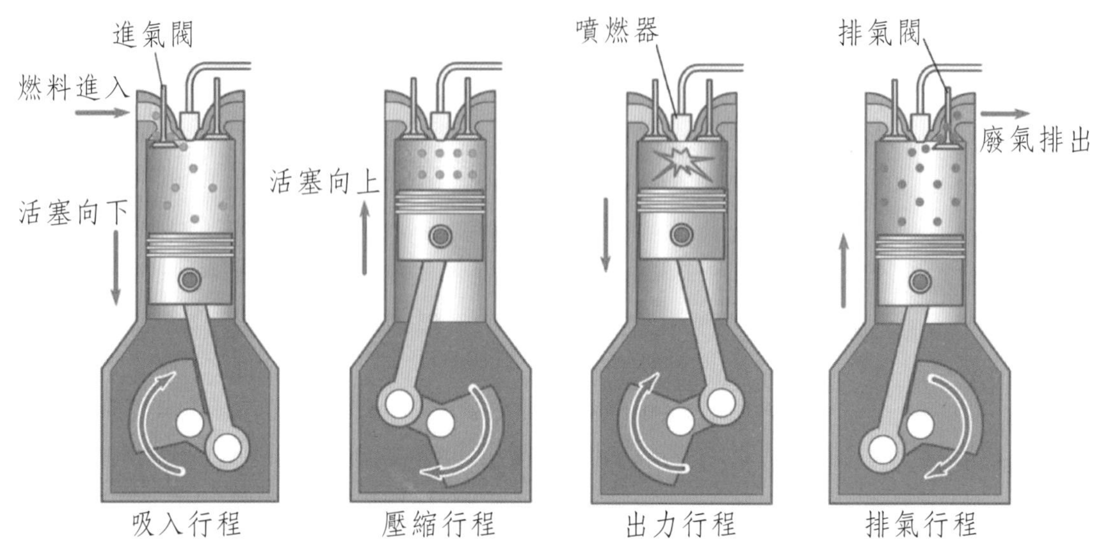

圖 2-11　壓縮點火柴油引擎的四個行程

同樣的，生物甲醇也只是甲醇，只不過它產自於生物質量。生物甲醇可以高達 10% 至 20% 的比例和汽油混合，直接用在未經修改的引擎上。費托柴油用的是氣體轉換到液體的技術。其亦可以任何百分比和柴油混合使用，而無須修改引擎等硬體設施。

七、第三代生物燃料

藻類燃料（algae fuel）亦稱爲藻油（oilgae）或第三代生物燃料，爲源自於藻類的生物燃料。藻類爲低投入／高收穫（每公頃產生能量是陸地上的 30 倍）用來生產生物燃料的料源，且藻類燃料爲可生物分解的。圖 2-12 所示爲印尼巴丹的藻栽培場。

在廢水處理廠當中的水池種植出的高含油藻類，可加工成生質柴油，再將殘餘物乾燥後，進一步重新加工製造出乙醇。

圖 2-12　印尼巴丹的藻栽培場

第三章

生物氣

其實只要在車上安裝木材氣化器，木材氣（wood gas）也可用在一般內燃機（如圖 3-1 所示）上，驅動車子。雖然看起來有點可笑，然而這種車在第二次世界大戰期間，在歐洲和亞洲的一些國家都相當受歡迎。因為戰爭期間，大家所努力的一件事，就是防止敵人可以輕易而且合乎成本的獲取石油。而木材氣車也就成了名符其實的本土燃料車，可免於受石油短缺的影響。

圖 3-1　早年的木氣車

生物氣（biogas）是一種氣態再生能源，產自於像是農林業廢棄物、糞便、生活廢棄物、廢汙水等廢棄物。其可藉由厭氧生物，在厭氧消化器（anaerobic digester）、生物消化器（biodigester）或是生物反應器（bioreactor）當中進行厭氧反應產生。

生物氣可藉由燃燒或進行氧化，以產生能量，而可用作燃料。如此即可透過發電機發出電，也可經過壓縮與液化，用來驅動車、船等交通工具，一如天然氣。其也可用在燃料電池當中。圖 3-2 所示，即為美國農業部（Department of Agriculture, US DOA）所示範，可將廢木料在圖 3-2 右氣化室（gasification chamber）內轉換為氣體燃料，用於內燃機發電的整套 Biomax 系統。

生物氣可淨化並升級到符合天然氣標準。其之所以可被視爲再生能源，在於其從生產到使用的循環爲可連續，且過程中不致產生淨二氧化碳（net carbon dioxide）。從碳的觀點來看，其初級生物來源在成長過程中，從大氣吸收的二氧化碳，和該原料在能源轉換過程中所釋出的大致相當。

圖 3-2　將廢木料轉換為氣體燃料用於内燃機發電的 Biomax 系統

一、生物氣的產生

生物氣一般乃經由像是產甲烷菌（methanotrophs）與硫酸鹽還原菌（sulfate-reducing bacteria, SRB）等微生物，進行厭氧呼吸產生。此生物氣可經由自然和工業產生。

1. 產自大自然

在大自然的沼澤當中，經由自然過程即可產生生物氣。此生物氣爲在厭氧（缺氧之意）環境當中，有機質被分解而產生。其通常含有大約 55% 甲烷，45% 二氧化碳，及少許其他氣體。其中甲烷爲能量載具。

如今在技術上有可能將生物氣升級到含超過 95% 的甲烷，使其所含能量足以和天然氣抗衡。例如名爲 NANOCLEAN 計畫，在於利用有機廢棄物處理當中的離子氧化物，讓生物氣的生產更有效率。估計此過程可使生物氣生產提升至原來的 3 倍。

在開發中國家和低度開發中國家，逐步落實工業規模生物氣場，可使人民因爲能享用便宜能源，創造就業機會和肥料等副產品，淨化河川、湖泊或土壤，同時減輕惡臭，而得以受惠。

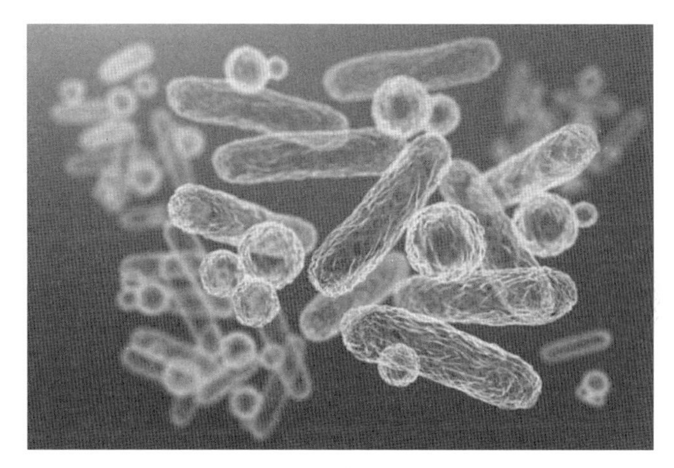

圖 3-3　產甲烷菌

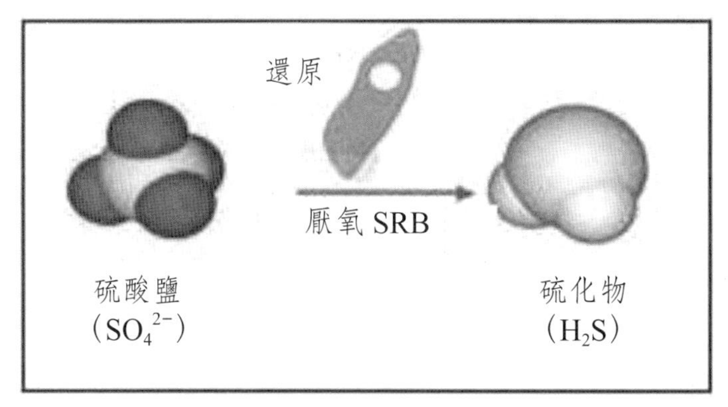

圖 3-4　硫酸鹽經 SRB 還原成硫化氫

2. 產自工業

生物氣可獲取自工業厭氧消化器（anaerobic digester）和機械生物處理系統（mechanical biological treatment systems）。工業生產生物氣的目的在於收集生物甲烷，主要用作燃料。工業生物氣的生產主要來自：

・在掩埋場透過化學反應和微生物，將可生物分解廢棄物（biodegradable waste），而產生如圖 3-5 所示的掩埋場氣體（landfill gas），或是
・在如圖 3-6 所示的厭氧發酵槽生產出消化氣（digest gas）。

掩埋場氣比較不乾淨。若不加以收集任憑其釋入大氣，則將成爲空氣汙染和溫室氣體的主要來源之一。

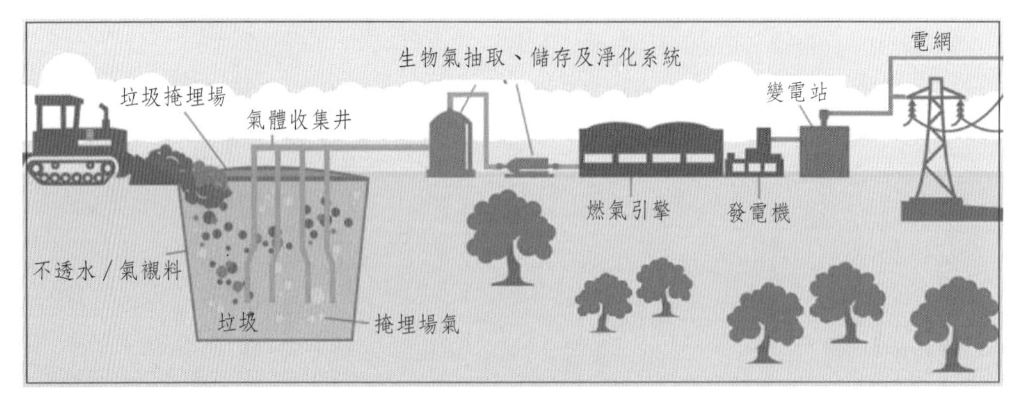

圖 3-5　利用掩埋場氣發電示意

圖 3-6　厭氧消化槽

圖 3-7 所示，爲源自廚餘的生物氣，供應民生與工商所需熱與電的概念。生物氣體的產生，靠的是厭氧菌（anaerobic bacteria）對有機質進行厭氧消化作用。生產生物氣，可利用生物分解廢棄物或將種植出來的能源作

物，送進厭氧消化器當中促進產氣量。過程當中殘留的固體無機副產品沼渣（digestate），則可用作農業肥料。可進一步用作農業肥料或生物燃料。

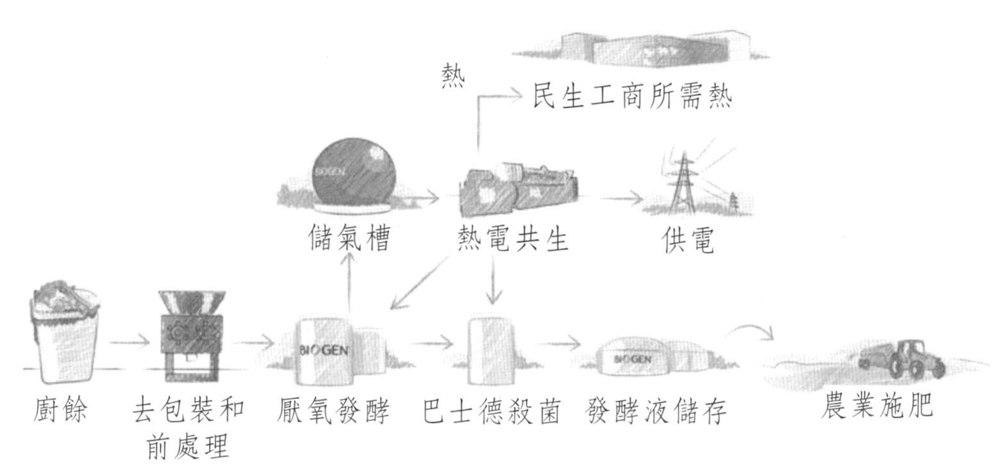

圖 3-7　源自廚餘的生物氣供應民生工商所需熱電

生物廢棄物也可透過高溫解聚（thermal-depolymerization, TDP）過程，擷取甲烷和其他與石油類似的油。在生物反應器系統，則可利用無毒光合作用藻類吸收燃燒廢氣，以產生生物氣、生質柴油，及一種類似煤的「燃料乾」。

此外，玉米梗和秸稈等農業殘渣，也可透過如圖 3-8 所示熱化學轉換（thermochemical conversion）過程，先將該生物質量進行一段極端熱處理，接著在氧量受到控制的情況下，隨即發生氣化過程。如此從氣化得到的產物稱作合成氣（synthesis gas 或 syngas），主要由氫和一氧化碳組成。

假若該過程爲缺氧狀態，則稱爲熱分解（pyrolysis），其在特定狀況下，有可能生成稱爲生物油（bio-oil）的液態產物，占絕大部分的比例。此合成氣可用於合成諸多產物的催化過程。

在前述費托過程當中，合成氣可用來生產汽、柴油等運輸用燃料和其他化學品。此外，合成氣也可用來合成甲醇、乙醇及其他酒精，而終究可用作運輸燃料或化學品。生物油則可直接燃燒產生能量，或者氣化成合成氣；當然也可從中萃取出化學品。

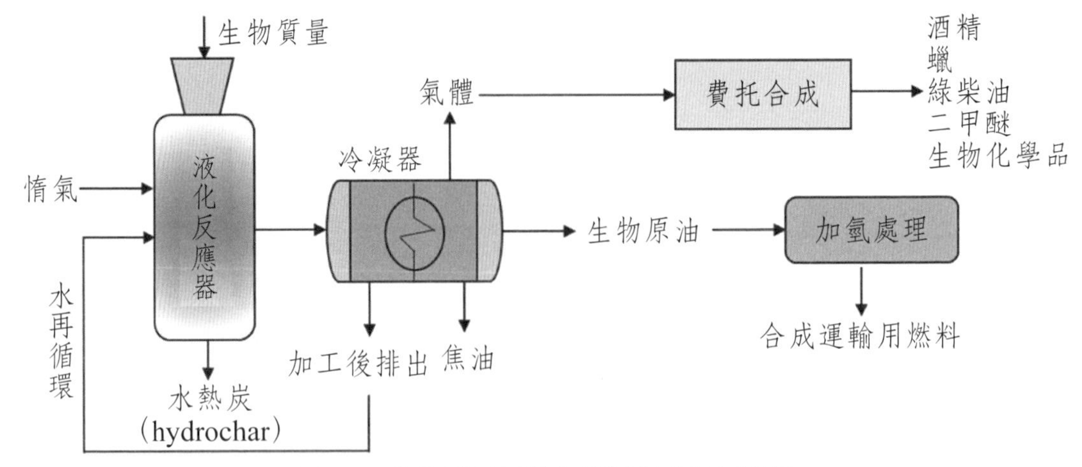

圖 3-8　生物質量經熱化學轉換成各種產品

二、生物氣的危險性

燃燒生物氣所產生的空氣汙染，和燃燒天然氣的情況相近，皆會產生溫室氣體（例如二氧化碳），如下反應式：

$$CH_4 + 2O_2 \rightarrow CO_2 + 2H_2O$$

1. 硫化物

此外，生物氣當中所含具毒性的硫化氫（H_2S），存在著可導致嚴重事故的風險。而未燃甲烷漏洩，則又有高潛勢溫室效應的風險。

當生物氣和空氣的比率達到 1 比 8～20 時，即可導致爆炸。因此，在例如進入一空生物氣消化器內進行維修時，必須特別提高安全警覺。很重要的一點是，在一整套生物氣系統當中，絕不可有負壓（negative pressure）情形，因為會導致爆炸。這種負氣壓情形，在過多氣體被移除或漏洩的情形下，便會發生。

實際上在如圖 3-9 所示厭氧反應器當中的生物氣組成，會隨其中基底物（substrate）的組成，及其中的狀態（包括溫度、pH 值及基底物濃度）而

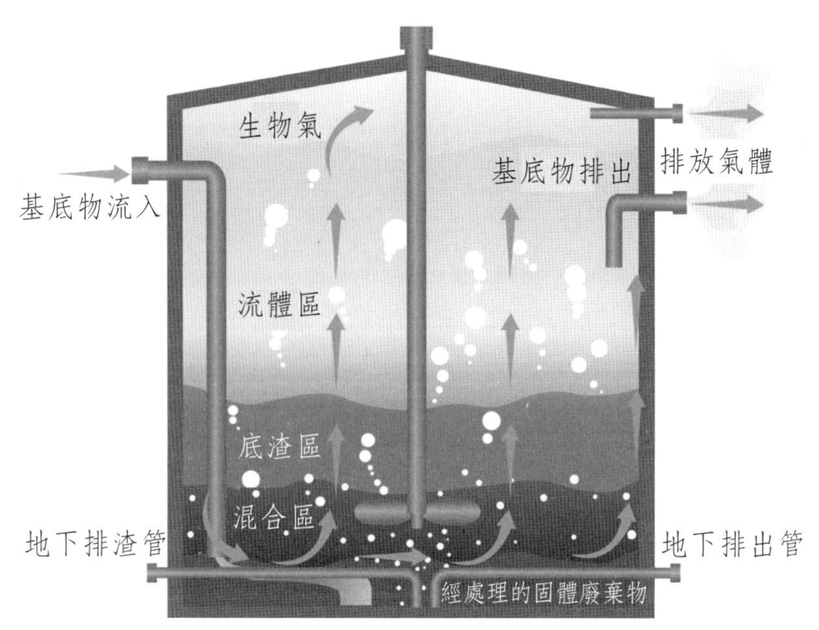

圖 3-9 厭氧消化過程

改變。

如圖 3-10 所示，垃圾掩埋場氣當中的甲烷濃度一般約 50%。先進的廢棄物處理技術，可產生含甲烷達 55～75% 的生物氣。若再透過現場氣體純化技術，則可在無液體情況下進一步，將甲烷濃度提升到 80～90%。

2. 汙染物

具有毒性和惡臭的硫化氫，是生物氣當中最常出現的汙染物，其他像是硫醇（thiols）等含硫汙染物，也可能存在。生物氣系統當中若存在硫化氫，除本身具腐蝕性，燃燒後產生二氧化硫（SO_2）和硫酸（H_2SO_4），也具腐蝕性，且對環境可構成危害。

圖 3-10　從垃圾掩埋場收集甲烷用來發電示意

三、源自畜牧的生物氣

牲口糞便若在厭氧條件下儲存，則可產生高濃度甲烷。而假使讓此糞便留在地上，則會經由脫氮過程（denitrification process），產生氮氧化物（NO_x）。其中氧化氮（N_2O）的溫室氣體效應，比二氧化碳的要高出 320 倍；甲烷的則比二氧化碳高 25 倍。

將牛、豬等牲口的糞便，透過厭氧消化轉換成爲生物氣，以美國飼養的數以百萬計牛爲例，可用來發出一千億度電力，足以滿足數百萬戶家庭所需。又以一頭牛每天所產生的糞便可產生 3 度電爲例，不讓此糞便任憑在地上分解，而收集來轉換成生物氣，則可讓全球溫室氣體減少近億噸，相當於整體排放的 4%。

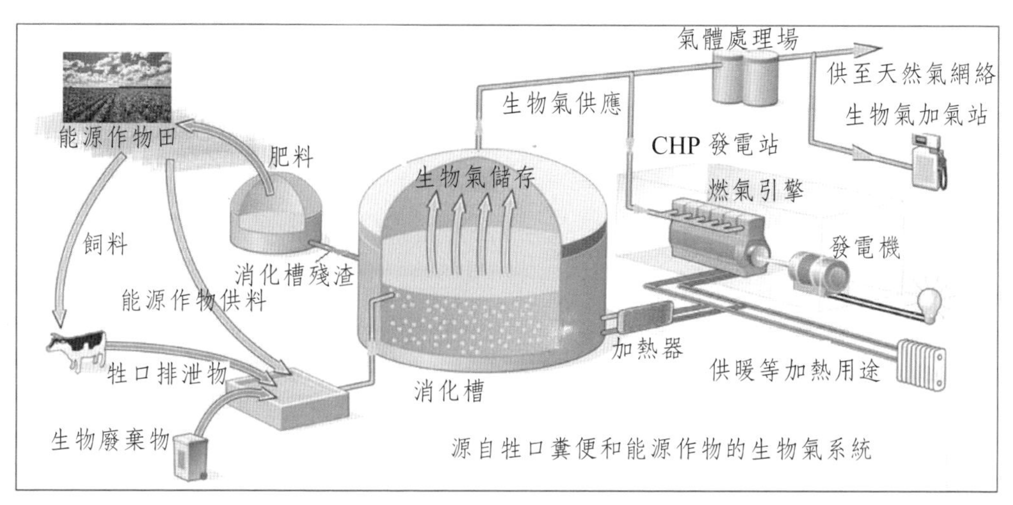

圖 3-11 源自農、牧的生物氣系統

四、生物氣升級

從消化槽產生的原始生物氣，大約六成是甲烷，近四成是 CO_2，加上微量 H_2S，並不適合用在機器上。因爲光是 H_2S 的腐蝕特性，便足以損毀機器。

但這類生物氣，可藉由一套包括濃縮與純化（concentration and purification）的生物氣升級系統，提升到相當於天然氣標準的生物甲烷（biomethane）。而生物氣生產者，便可望透過其輸配網絡，送至當地用戶。而此生物氣要符合管路品質要求，必須將其中的二氧化碳、硫化氫及微粒等汙染物先去除。

這類升級方法有四：水洗（water washing）、變壓吸附（pressure swing absorption, PSA）、塞列克索（Selexol）吸附、胺氣處理（amine gas treating）。除此之外，歐美有愈來愈多，利用膜分離技術（membrane separation technology）升級生物氣的實例。圖 3-12 所示爲生物氣經過升級後，用於不同選項的過程。

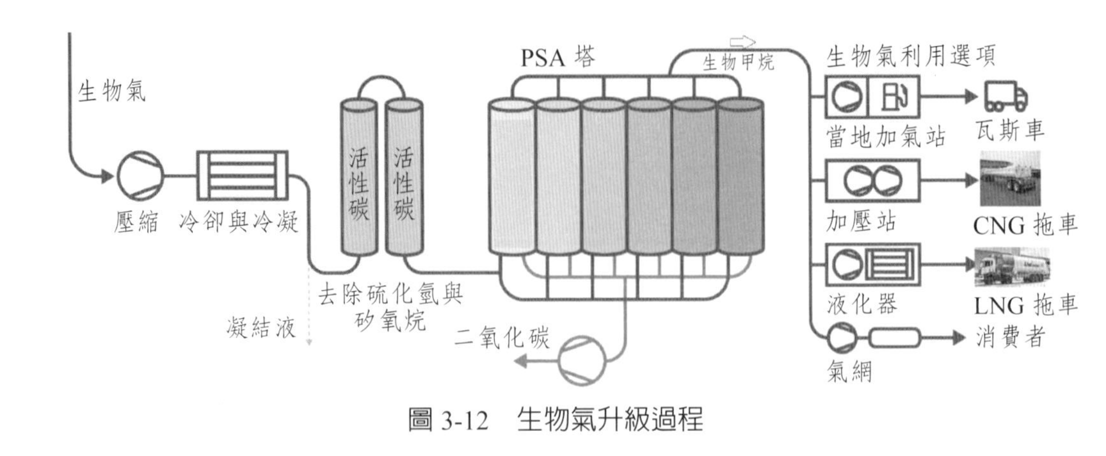

圖 3-12　生物氣升級過程

五、生物氣產熱與發電

生物氣可用於不同類型的內燃機（internal combustion engines）。其也可用於燃氣渦輪機（gas turbine），以在熱電共生廠內（combined heat and power plant, CHP），同時產生電與熱，如圖 3-13 所示。

而此生物氣所可能導致的酸化（acidification）與優養化（eutrophication）等對環境所帶來的衝擊，則可藉著採用正確的進料組合、消化槽密閉儲存，以及藉由技術提升以回收溢出材質，有效降低。

整體而言，使用生物氣終究可顯著降低大多數，原本使用化石燃料所可能帶來的衝擊。

六、全球發展

1. 歐洲

歐洲的發電廠和 CHP 廠，以淨化後的生物氣 —— 生物甲烷（biomethane）取代天然氣注入管路系統，有持續增加的趨勢。圖 3-14 所示為芬蘭的生物氣加氣站。

只是歐洲各國生物氣的發展程度差異很大。儘管諸如德國、奧地利及瑞典等國的生物氣發展已相當進步，其餘國家，尤其是東歐的再生能源發展潛力，則仍亟待開發。其中的主要理由，在於這些國家之間，在立法架構、教育及可用技術上的差異。未來進一步發展生物氣的另一大挑戰，則在於民眾的負面認知。

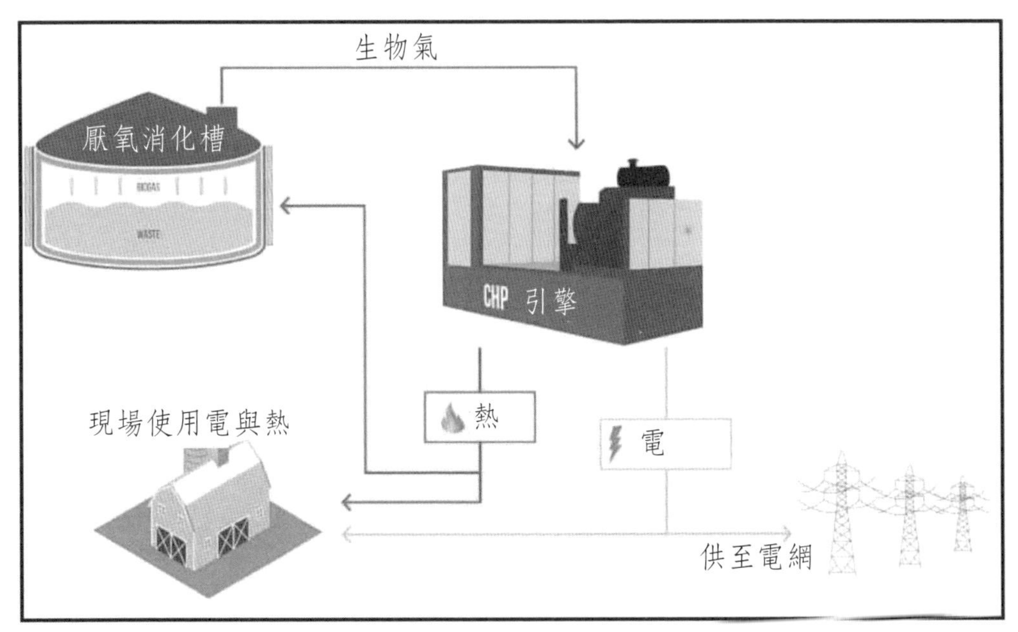

圖 3-13 生物氣用於 CHP

圖 3-14 芬蘭生物氣加氣站

2. 德國

德國生產生物氣在過去 20 年內，迅速成長，目前是歐洲最大生物氣生產國，也是生物氣技術的市場領先國。其在 2010 年，全國已有 5,905 生物氣場（biogas plant），其中大多都具備發電廠。一般這些生物氣場，都直接與燃燒生物甲烷發電的 CHP 連結。

德國的生物氣主要藉共發酵（co-fermentation），擷取自能源作物和牲口糞便的混合物。其使用的主要作物爲玉米。此外，有機廢料和工、農殘料，諸如源自食品工業的廢棄物，也都會用作生物氣的生產。因而德國的生物氣生產，迥異於以掩埋場爲主要來源的英國生物氣。

3. 開發中國家

在開發中國家的小型畜牧業，例如飼養六隻豬或三頭牛，每天可產生約 50 公斤糞便。除了將這些糞便混入水後供入生物氣廠，馬桶也連接在一起，在熱帶或副熱帶地區，以最適溫度 36℃進行發酵。

在印度、尼泊爾、巴基斯坦及孟加拉，稱源自糞便經過小型厭氧消化器（如圖 3-15）的生物氣爲 gobar gas。據估計擁有這類設施的家戶，在印度、孟加拉和巴基斯坦，分別有超過兩百萬、五萬及數千戶。

此消化器爲混凝土製成的圓形氣密坑，有管子連通。一般都將牲口糞便直接導入坑內，另以相當數量的汙水將坑填滿。

圖 3-15　Gobar 氣消化器

當今全世界，尤其亞洲許多地方，都已分別建立地方生物氣技術。圖3-16所示為印尼農村生物氣場示意。而不少國家，例如中國大陸和印度，也都陸續建立起類似的大型計畫。

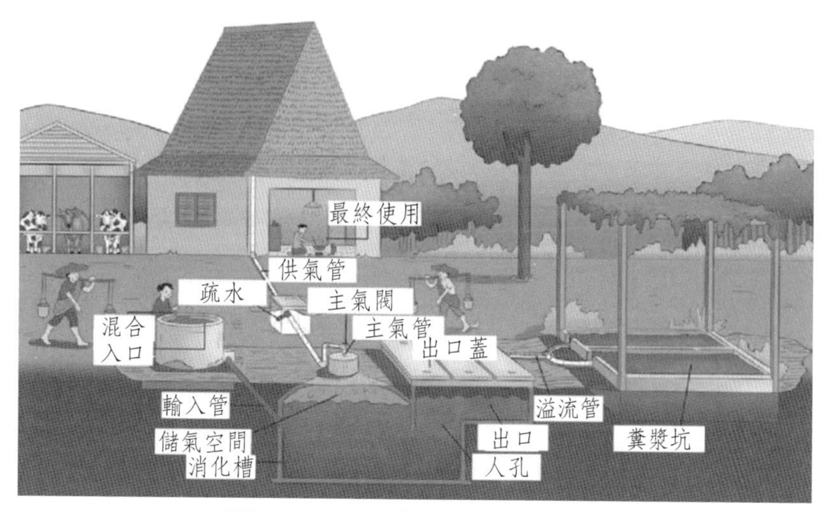

圖 3-16　印尼農村生物氣場示意

4. 印度

印度利用牲口糞便生產生物氣，已有很長一段時間。而最近二、三十年來的研究，更設計出新型有效率、低成本的生物氣系統。其也有愈來愈多的大、中、小型企業，以生物氣作為加熱之用。

這些生物氣也可只利用很小片土地和水足跡，生產出富含蛋白質的家禽、家畜和魚。至於過程中產生的二氧化碳，則可用作低成本藻油的生產。

5. 中國大陸

當今中國大陸的家用生物氣生產和使用的數量，皆居世界之冠。其在1970年代，為提升農業效率，在全國各地設置了六百萬座消化器。隨著技術提升，如今已有超過三千萬戶人家使用生物氣消化器。這主要歸因於快速經濟成長，伴隨著嚴重的霾害狀況，尤其是在鄉村，生物氣成為很受歡迎的能源選項。

七、讓生物氣成功

圖 3-17 所示，爲 2021 年全球生物氣在各類市場的分配情形，其中以發電占最大百分比。圖 3-18 所示，爲全球各不同來源生物氣，市場規模成長趨勢。要讓一套生物氣計畫成功建立與運轉，需結合以下因素：

- 具豐富經驗和技術的技術人員，做審愼的計畫設計與管理，
- 夠強的生物技術，
- 穩健的財務，以及
- 社會大衆的接受度。

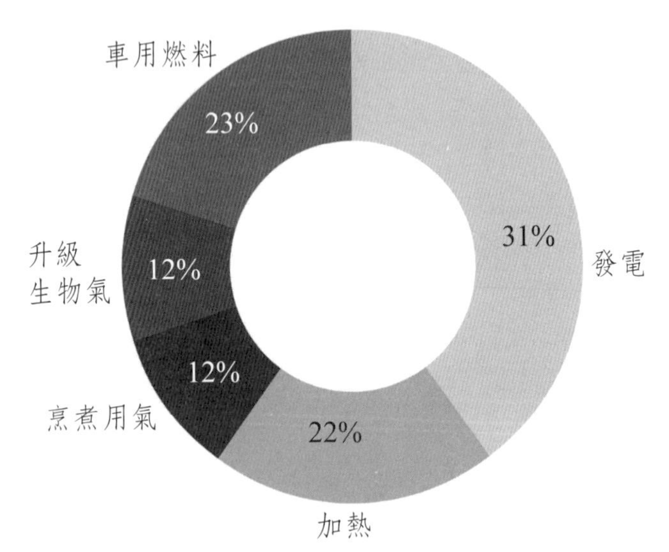

圖 3-17　全球生物氣各類市場占比

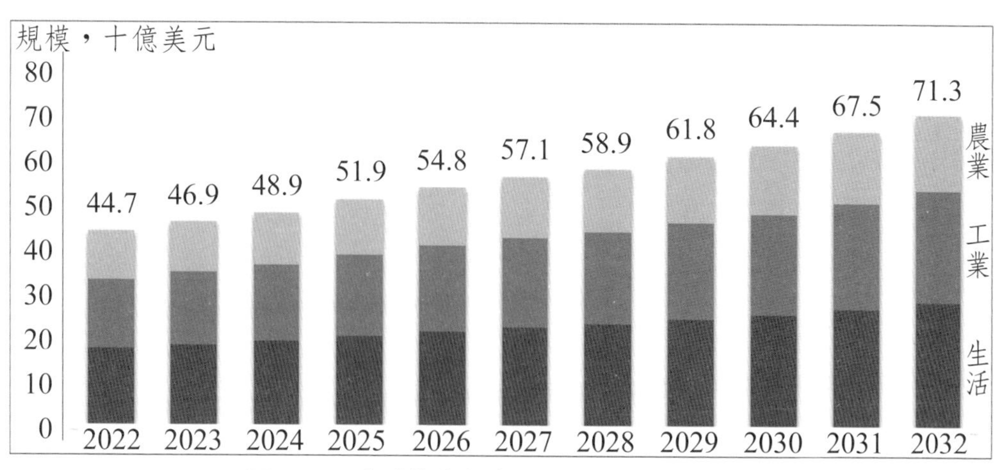

圖 3-18　全球生物氣各類市場規模成長趨勢

第四章

液體生物燃料

一、液體燃料簡介

二、酒精

三、其他生物液體燃料

四、以液體生物燃料追求永續發展

一、液體燃料簡介

液體燃料最容易攜帶。其可以很有效率且相當經濟的，輸送到遙遠的目的地。透過包括發酵、熱解、氣化及觸媒轉化，等各種物理、生物、熱化學加工，或是直接萃取與如圖 4-1 所示轉酯（transesterification），可從有機質生產液體生物燃料。

液體生物燃料也可透過厭氧消化（anaerobic digestion）與直接部分氧化（direct partial oxidation）或氣體合成（gas synthesis）產生。合成燃料（synthetic fuels, synfuels）指的是，藉由結合氫與碳所產生的燃料，如圖 4-2 所示。

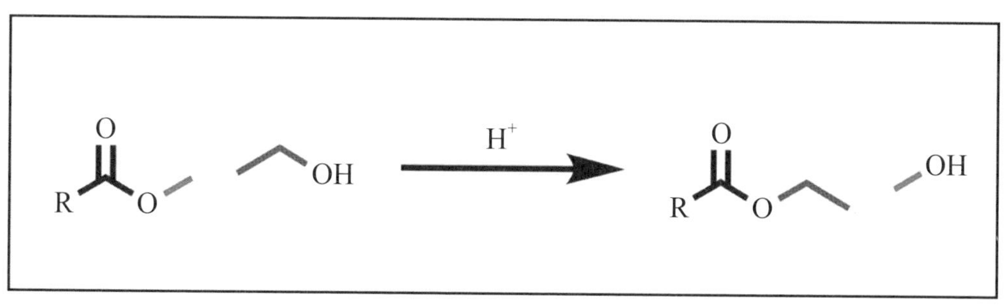

圖 4-1　轉酯

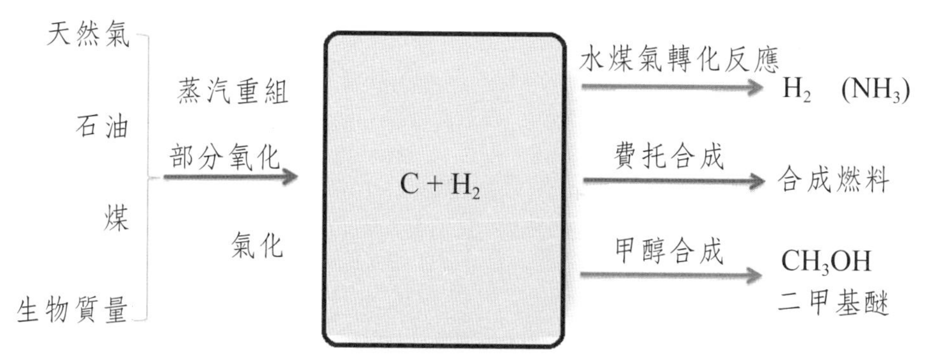

圖 4-2　藉由結合氫與碳可產生合成燃料

迄今開發得最成熟的液體生物燃料有乙醇（ethanol）、甲醇（methanol）及生質柴油（biodiesel）。液體生物燃料在全球都有交易，長久以來即應用在運輸、照明、取暖、烹煮和發電等各方面。隨著石油化學燃料（petro-chemical fuels）的興起，液體生物燃料逐漸被取代。然隨著氣候變遷等環境議題受到關注，其再度受到歡迎。例如在巴西和美國，生物乙醇的生產與使用，便一直得到國家政策的支持。

過去常見的一種商業化生質能源生產方式，為從玉米或甘蔗等作物生產乙醇。其中一例，便是在美國中西部和南部普遍使用，以 10% 乙醇和 90% 汽油混合成的汽醇（gasohol）。如圖 4-3 所示，在泰國加油站可添加汽醇 E20。

然而，無論要提升乙醇產量或降低其生產成本，都受到很大的限制。原因在於種植玉米，需耗費大量農藥、肥料及農業機械所需要的燃料，不僅成本甚高，對環境的衝擊亦相當嚴重。

以現代化技術進行耕作和使用生物質量，將可望提升能源作物產量，進而徹底利用整棵生長快速的植物，提升永續生質能源的供應。此外，乙醇等生物燃料也可利用製糖、釀酒等製程所產生的，含糖與澱粉等廢料作為原

圖 4-3　可添加 E20 的泰國加油站

料。如圖 4-4 所示，整合糧食與能源作物並引進混作（mixed cropping）等創新農作系統，更可望開創永續農業前景。如此也可讓經濟與環境，同時受到多一層的保障。

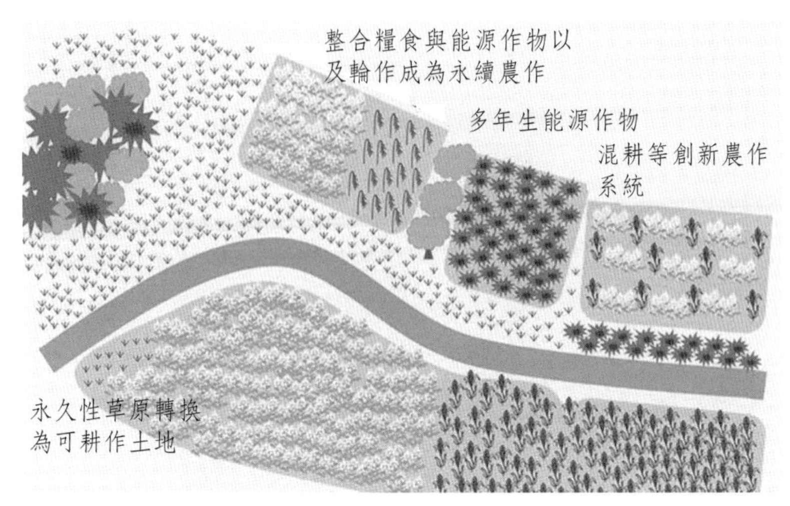

圖 4-4　追求永續農業的糧食與能源作物整合系統

二、酒精

甲醇和乙醇這兩種最簡單的酒精，之所以能開始在石油獨占的情形下占一席之地，有幾個主要原因。其包括在環境方面的優點，例如其可燒得相當乾淨、可再生、有助廢棄物回收、可生物分解，而且屬低碳燃料。至於在社會與經濟方面的優點，包括生產成本低，而且可透過相當簡單的既有途徑，進行小至大規模生產。

源自於生物的酒精，最常見的是乙醇（ethanol）、甲醇（methanol）、丙醇（propanol）和丁醇（butanol），都是由微生物和酵素透過發酵作用產生的。這類液體生物燃料對於人體健康的優點，比其他燃料要大得多。例如原本在低度開發社會，普遍使用的木材和煤油，也早已被世界衛生組織（World Health Organization, WHO）認定有害人體健康，並努力淘汰。

1. 乙醇

產自玉米粉（corn starch）的乙醇是目前生物燃料當中，最重要來源之一，在美國等許多國家，用得最廣。這些國家的許多加「油」站（圖 4-5），都已能爲汽、機車添加生物乙醇。

圖 4-5　專門為車子添加各種生物燃料的加油站

E-10 爲含 10% 乙醇，和 90% 汽油的混合燃料。市面上常見的還有 E-15 和 E-85 等。其中 E-85 用於經特殊設計，稱爲彈性燃料車（flexible fuel vehicles, FFVs）的轎車（圖 4-6）和卡車。大多數在路上跑的汽車，都可燒混入不超過 10% 乙醇的汽油。

選擇使用生物乙醇的主因之一，在於其可在當地生產。如此一來，可省得從國外進口。圖 4-7 所示，爲各國乙醇產量在全球產量當中的占比。原本還需仰賴進口石油的巴西，如今已能在能源上完全自給自足。巴西的所有加油站，都兼賣純乙醇（E95）和汽醇（即 E25，爲 25% 乙醇和汽油混合物）。

在過去，隨著生物乙醇需求的增加，曾導致玉米價格上揚，以致危及糧食安全，被稱爲「搶糧」的後果。生產乙醇所採用的方法，取決於進料的種類。當今一些創新技術，可使生產的能源效率顯著提升。

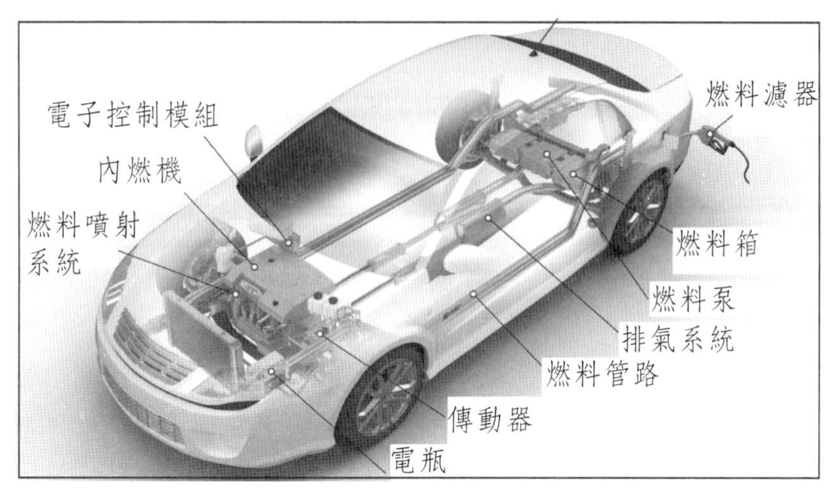

圖 4-6　彈性燃料轎車動力系統

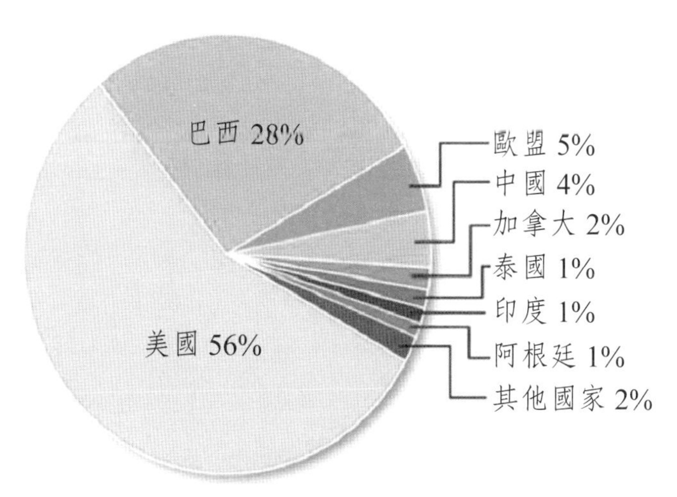

圖 4-7　各國乙醇產量全球占比

2. 比較甲醇和乙醇

甲醇也屬未來燃料，目前大多產自天然氣。其也可產自生物質量，但目前仍不經濟可行。以下分別為甲醇和乙醇燃燒的化學反應式。

$$\text{甲醇燃燒：} 2CH_3OH + 3O_2 \rightarrow 2CO_2 + 4H_2O + \text{熱}$$
$$\text{乙醇燃燒：} C_2H_5OH + 3O_2 \rightarrow 2CO_2 + 3H_2O + \text{熱}$$

比起汽油、柴油等化石燃料，甲醇和乙醇固然有其優點，但卻也有其不足之處。例如以這兩種酒精不另外加入提升辛烷值（octane rating）的添加劑（octane-boosting additives）運轉，都能夠有較高的壓縮比（compression ratio）。

乙醇和甲醇每公升所含的能量，比起汽油分別少 27% 和 55%，且腐蝕性也較大。這些問題藉由提高壓縮比，和採用抗腐蝕材料等既有技術，加上對引擎做些微修改，即可獲得解決。

3. 丙醇

含三個碳的丙醇（propyl alcohol, propanol, C_3H_7OH），目前絕大部分僅直接用作溶劑，並未作為汽油引擎的直接燃料來源。不過丙醇倒是可作為某些類型燃料電池所用氫的來源。圖 4-8 所示，為從二丙醇在不同溫度超臨界水中產氫的情形。然而，畢竟生產丙醇比甲醇難，且甲醇燃料電池用得仍比丙醇的多得多。

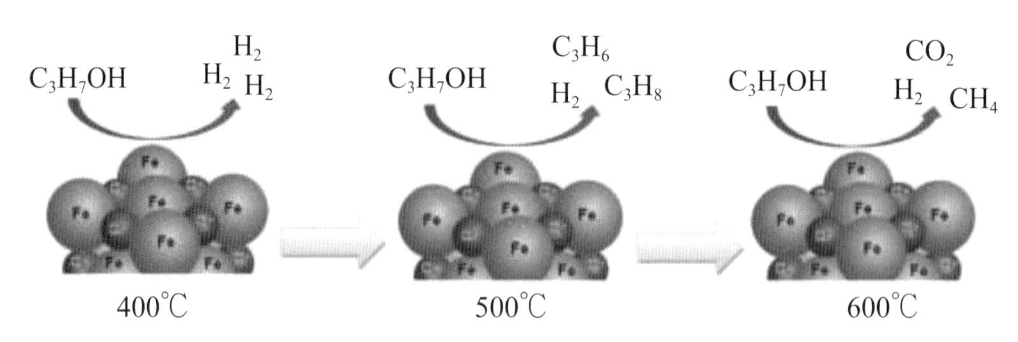

圖 4-8　從二丙醇在超臨界水中產氫

4. 丁醇

丁醇（n-butyl alcohol, butanol）是經過如圖 4-9 所示丙酮 - 丁醇 - 乙醇（ABE）發酵產生。從試驗性的過程變化顯示，該僅有的液體產物丁醇，潛藏著相當高的淨能量。一般而言，汽車的汽油引擎不需經過修改，即可直接燒丁醇，產生比燒乙醇更大的能量，且也比較不具腐蝕性和較不溶於水，同時可利用既有的基礎設施進行配送。

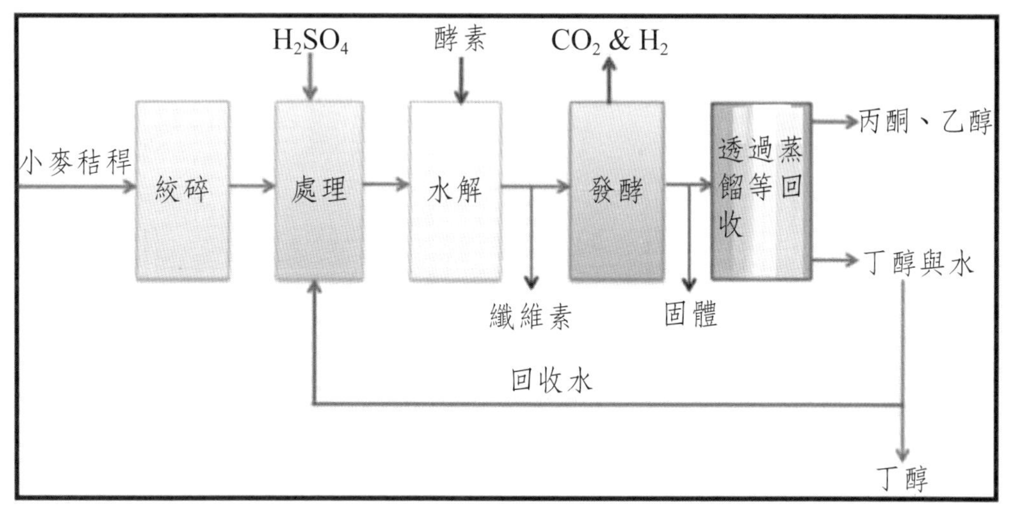

圖 4-9　丁醇生產過程

比起甲醇，丙醇和丁醇的毒性和揮發性都小得多。尤其是，雖然丁醇的閃火點（flashpoint）高（35℃），有利於火的安全性，但也因此可能讓引擎在冷天啓動時，發生困難。

有些人嘗試從植物木質纖維，經過丙酮丁醇梭菌（Clostridium acetobutylicum）發酵，生產丙醇和丁醇。只不過，過程中會產生惡臭，使得選擇發酵廠址，會是一大問題。另外，無論發酵的料源爲何，當丁醇含量上升到 7% 時，這類發酵微生物即告死去。

三、其他生物液體燃料

混合酒精可藉由生物質量轉換至液體的技術，進行生物轉換成混合的酒精燃料，包括例如一卡林（ecalene）的乙醇、丙醇、丁醇、戊醇、己醇及庚醇的混合物，生質液化燃料（biomass-to-liquid, BTL）是生物質量氣化所得的合成氣，經過催化所產生。BTL 和氣體液化燃料（gas-to-liquid, GTL）皆經由熱化學（thermochemical）途徑，生產碳氫化合物燃料。此一合成的生物燃料當中含有氧，可用作優質汽、柴油的添加劑。

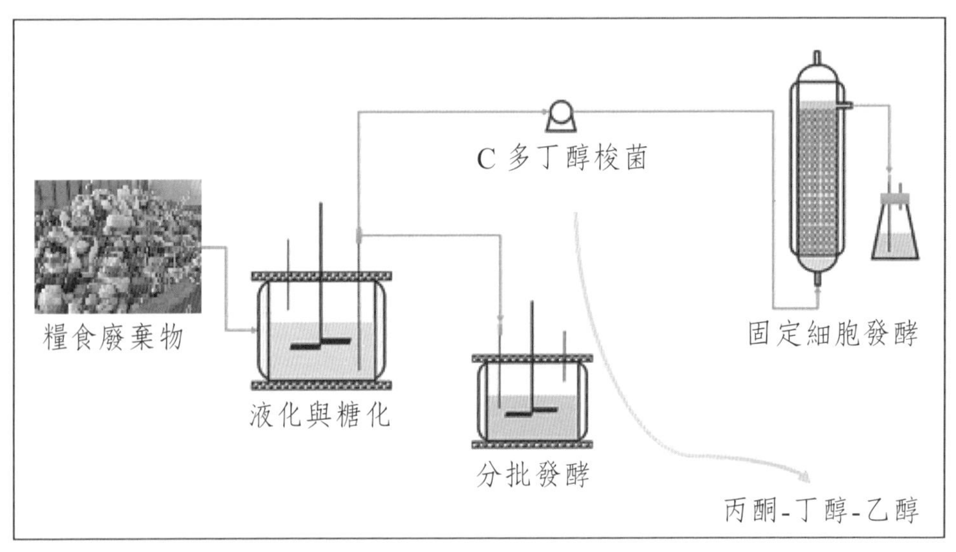

圖 4-10 ABE 發酵過程

1. 生質柴油

生質柴油可生產自蔬菜油，回收自速食餐廳薯條、香雞排油炸油（如圖 4-11 所示）及動物油脂等。相較於柴油，生質柴油產生的汙染物和二氧化碳都少得多，而排氣聞起來還有點像炸薯條或玉米花的味道呢！

早期有些配備間接噴射系統的柴油引擎，在熱帶地區的確可以燒菜籽油，如今改燒生質柴油（biodiesel），可算是一種直接生物燃料。有些柴油引擎廠牌，保證可使用 100% 生質柴油。

圖 4-11 炸薯條的食用油

2. E- 柴油

E 柴油（E-diesel）的生產，是先從二氧化碳、水和源自再生能源的電等稱爲藍原料（blue crude）的能源載具（energy carriers），接著再從中提煉出 E 柴油。E 柴油屬碳中和燃料（carbon-neutral fuel），因爲其既不引進新碳，而且產生過程也經由碳中和來源。

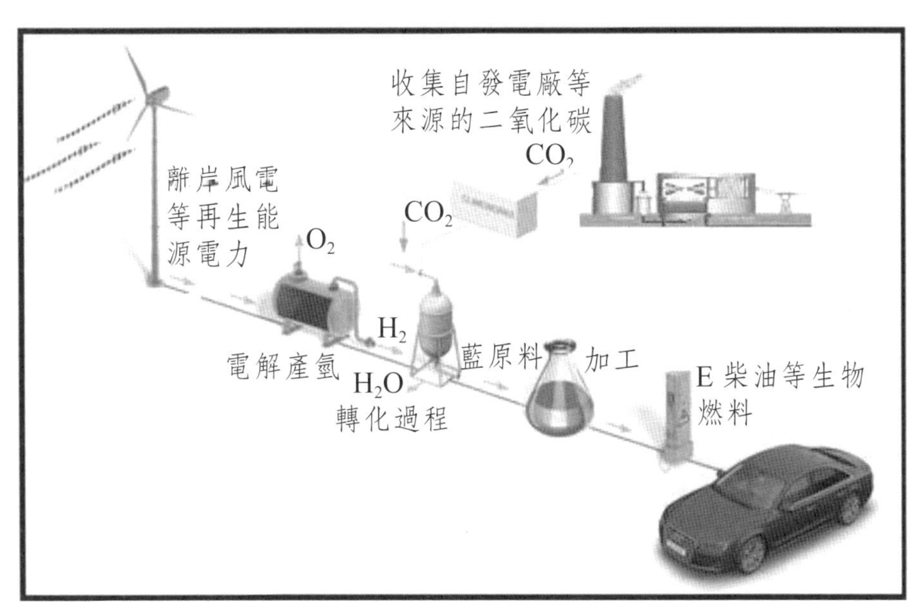

圖 4-12 E 柴油的生產過程

四、以液體生物燃料追求永續發展

以能夠乾淨燃燒的再生乙醇取代木炭、木材及液態或氣態化石燃料，有利於追求永續發展。例如，由於對木質生物質量的依賴減輕了，森林資源也得以朝向永續經營，包括森林砍伐、生物多樣性損失及棲息地破碎等，也都得以減少。而這些對於藉森林覆蓋以防止侵蝕、地表與地下水保育以及對抗沙漠化等，都相當重要。

藉著以生物液體取代化石燃料，也可減輕讓人暴露在煙、微粒及一氧化碳等汙染物當中，並對擁有較潔淨空氣的健康與永續城市做出貢獻。此外，藉著留住土壤與生物質量當中的碳，也有助於減少溫室氣體排放，對減緩氣候變遷做出貢獻。

生物乙醇可開創出市場，爲農業增加價值。如此，可在農村創造就業機會，增加農家的收入。如此藉著開創生計，促進使用負擔得起的能源並改進生活水準，則可減少貧窮，增進社會整體福祉。

而人民藉著省下錢和時間，也就可讓孩子有更多機會受教育。而達此目標，其中的重要關鍵，在於知識、專業、資源和技術的分享，並讓這類計畫能在世界各地複製和推廣。

第五章

生物能發電

一、生物電力

二、發電生質材料種類

三、發電廠熱能產生技術

四、以木粒作為發電燃料

五、非木質生質的性質

六、生物質量單獨燃燒和共燃的選項

如圖 5-1 所示，過去 20 年全球用於發電、加熱和運輸的再生能源占比，皆持續成長。而如圖 5-2 所示，生物能電力在再生能源電力當中的分量，也持續成長。

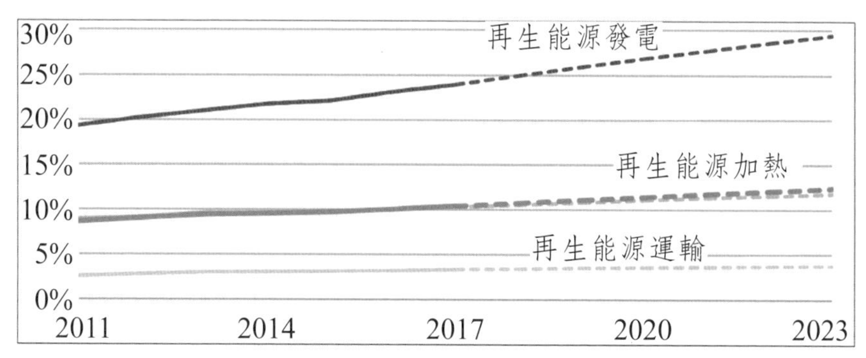

圖 5-1　全球用於發電、加熱和運輸的再生能源占比

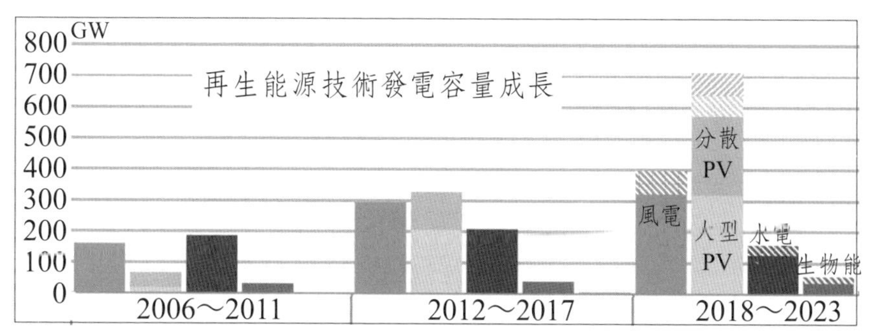

圖 5-2　各種再生能源發電容量的成長趨勢

根據國際能源總署（International Energy Agency, IEA）的預測（如圖 5-3），到 2050 年，世界生物能發電將成長 10 倍。

如今國際間普遍認為，燃燒木質和在既有或新建大型燃煤電廠共燃生物質量，無論是從發展再生能源、投資需求、能源安全、發電效率及發電成本等方面考量，都是很具吸引力的發電方式。

此外，搭配碳捕集與儲存（carbon capture and storage, CCS）技術燃燒生質和共燃生質，更能相當有效的從大氣中移除大量二氧化碳。

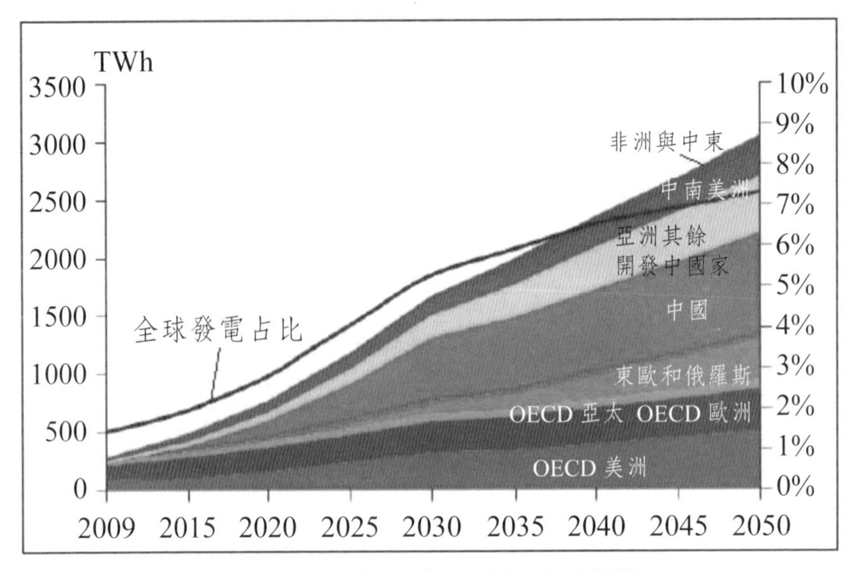

圖 5-3　世界生物能發電成長趨勢

資料來源：IEA

一、生物電力

生物電力（biopower）或稱爲生質電力，指的是利用生物質量來發電。生物電力系統技術包括直接燃燒、共燃（co-firing）、氣化、熱分解及厭氧發酵。圖 5-4 所示，爲日本東芝公司在福岡大牟田興建的生質電廠。

東芝能源系統與解方公司（Toshiba ESS）於 2020 年 10 月開始運轉此電廠（容量 50,000 kW）的大型碳捕集設施（如圖 5-5 所示）。該電廠以棕櫚殼作爲主要燃料，成爲世界上第一座，具備大型碳捕集與儲存能力的生質發電廠（bioenergy CCS, BECCS）。

截至 2023 初，全世界總共有大約 575 座發電容量超過 30 MW 的生物能發電廠。這些生物電廠的總容量逾 29,000 MW，相當於全球源自所有來源發電容量不到 0.5%。

在此運轉中的總生物電力容量當中，中國大陸和巴西占絕大部分，唯二者燃料來源迥異。中國的生物電力主要仰賴農業殘料（如圖 5-6）及回收廢棄物。巴西則主要仰賴在從甘蔗轉換成運輸用乙醇過程中產生的殘料（如圖 5-7）。

圖 5-4　東芝的生物質量發電廠

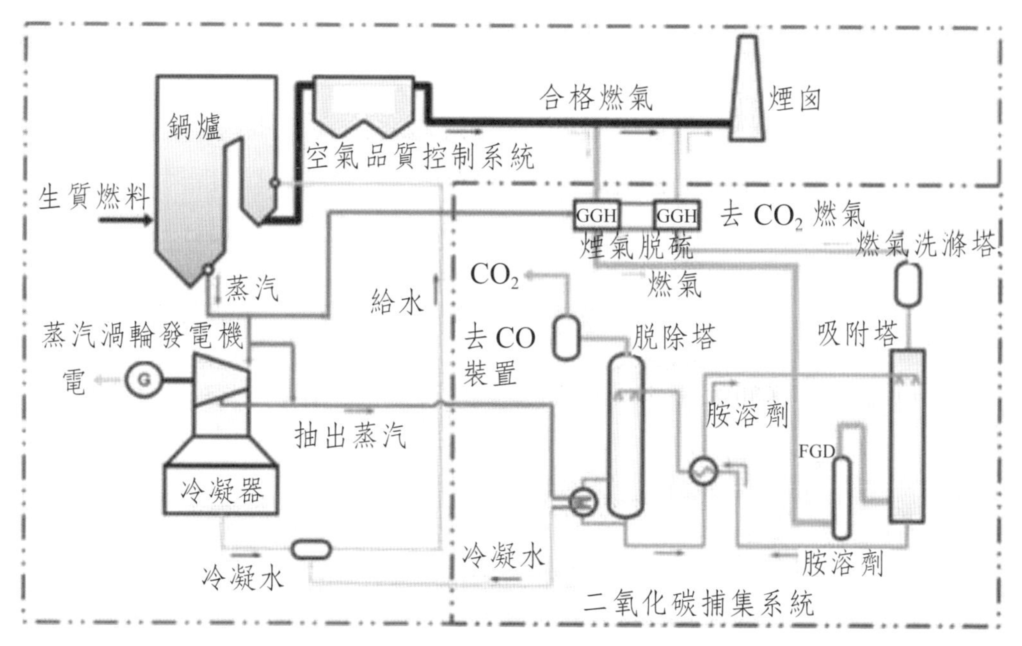

圖 5-5　東芝川美生物質量發電廠系統

圖 5-6　農業殘料

圖 5-7　甘蔗殘料

生物能在發電上扮演的特殊角色包括：

1. 短、中期：藉由共燃或是 100% 轉換成生物質量，以取代既有發電廠所用化石燃料。

2. 以生物氣／再生能源氣取代天然氣。
3. 結合熱與電（熱電共生，如圖 5-8 所示）。
4. 設置從廢棄物回收能源設施。
5. 提供彈性再生能源發電：搭配風電與太陽光電等各種再生能源。
6. 與碳捕集與儲存（CCS）連結，成爲 BECCS 或採取碳利用（BECCU）。

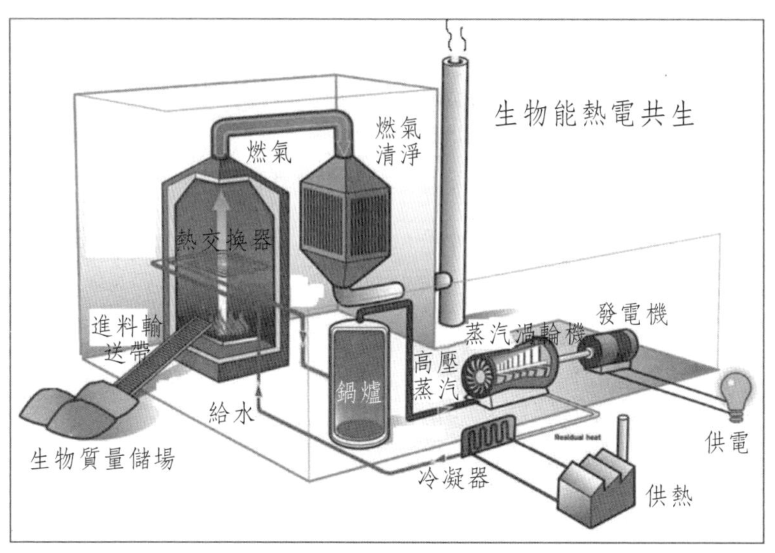

圖 5-8　生物熱電共生系統

二、發電生質材料種類

圖 5-9 所示，爲提供作爲生質能發電的各種來源。適合用作發電廠鍋爐生質燃料的主要種類包括：

- 橄欖油、棕櫚油等會處理大量農產品產業的固體廢料，
- 經乾燥的木粒與草桿粒，
- 經乾燥的汙泥，
- 各種形狀的廢木料，及
- 各種農作物的草桿。

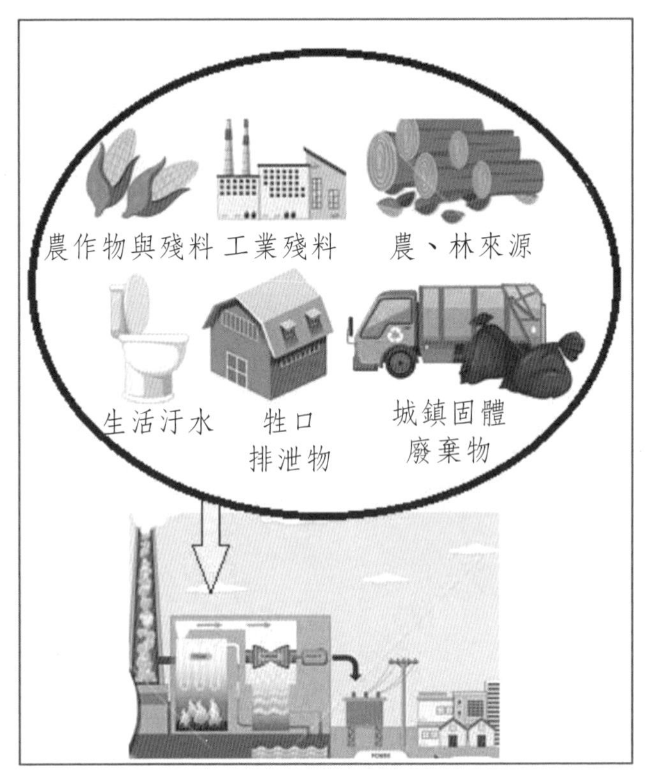

圖 5-9　提供生質能發電的各種來源

一般而言，農業廢料和快速成長的生質材料都相當便宜，但往往都有相當高的灰含量，燒成的灰所含鹼金屬也偏高，以及偏低的灰融點（ash fusion temperature）。這些特性，容易導致顯著的灰沉降問題，而也就只能以相當低的比率，在燃煤鍋爐內進行共燃，如圖 5-10 所示。

乾淨木材則灰含量小、較良性，可以較高比率進行共燃。若要百分百燒生物質量，則只有高級木材適合。至於處理、儲存和運送大量生質，最好是乾顆粒或其他壓密形狀。

近年來，生產與使用經過熱處理的生質，明顯受到歡迎。這主要在於其儲存與處理及搗碎的性質，都已有所改進。

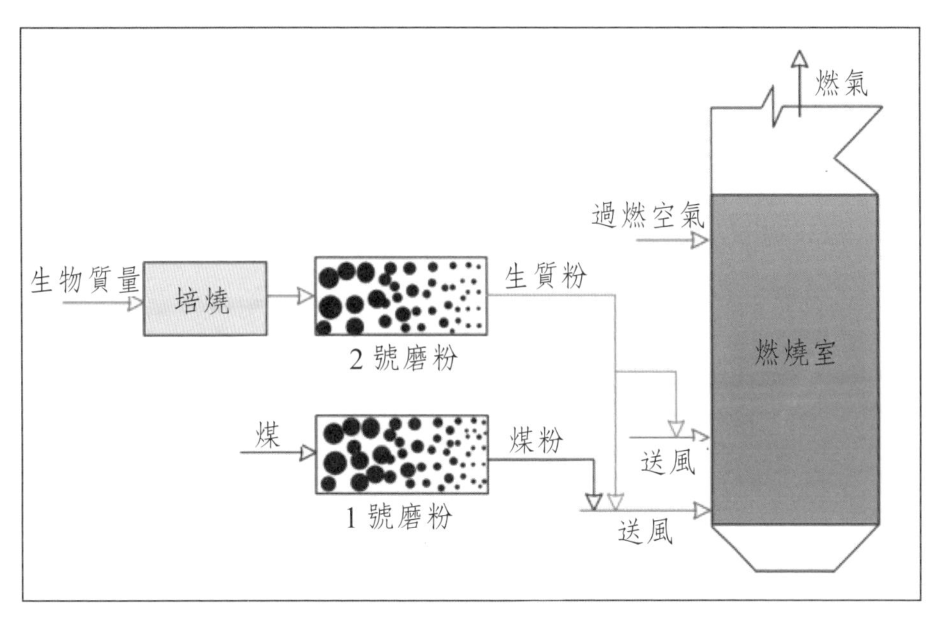

圖 5-10　與煤共燃發電

三、發電廠熱能產生技術

1. 直接燃燒

這是最簡單，也是用得最普遍的一種生物發電系統。其在鍋爐當中燃燒生物質量產生蒸汽，以驅動蒸汽渦輪機進而發電。該蒸汽亦可用於工業製程或如圖 5-11 所示，建築物內供暖等用途。如此結合熱與電的系統，可大幅提升整體能源效率。造紙業是目前最大的生物質量電力生產業者。

2. 共燃

共燃指的是以生物質量，作爲高效率燃煤鍋爐的輔助燃料。就燃煤發電廠而言，以生物質量共燃，可算得上是最便宜的一種再生能源選擇。其同時還可大幅降低空氣汙染物，尤其是硫氧化物（sulfur oxides, SO_x）的排放。

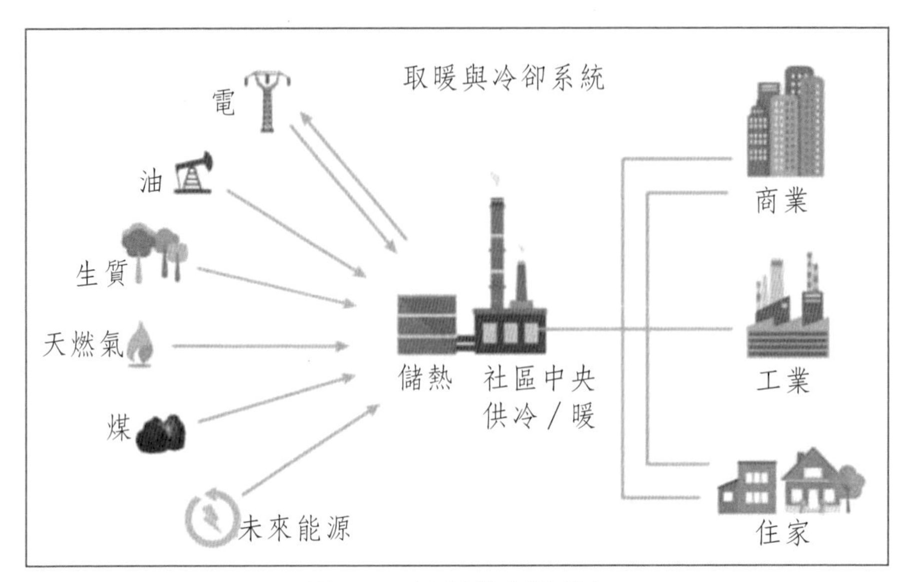

圖 5-11　取暖與冷卻系統

3. 氣化

用於發電的生物質量氣化，是將生物質量在一個缺氧的環境當中加熱，以生成中低卡路里的合成氣體。此氣體通常即可作爲，結合燃氣渦輪機與蒸汽渦輪機的複合式循環（combined cycle）發電廠（圖 5-12）的燃料。在此循環當中，排出的高溫氣體用來產生蒸汽，用在第二回合的發電，而可獲致很高的效率。

4. 熱分解

生物質量熱分解，是將生物質量置於缺空氣的高溫環境當中，導致生物質量分解。熱分解後的最終產物爲固體（焦，char）、液體（充氧油，oxygenated oil）及氣體（甲烷、一氧化碳及二氧化碳）的混合物。這些油、氣產物可燃燒以發電，或是作爲生產塑膠、黏著劑或其他副產物的化學原料。

5. 厭氧消化

生物質量經過自然腐敗會產生甲烷。厭氧消化是以厭氧菌在缺氧的環境下分解有機質，以產生甲烷和其他副產物。其主要能源產物爲中低卡路里氣

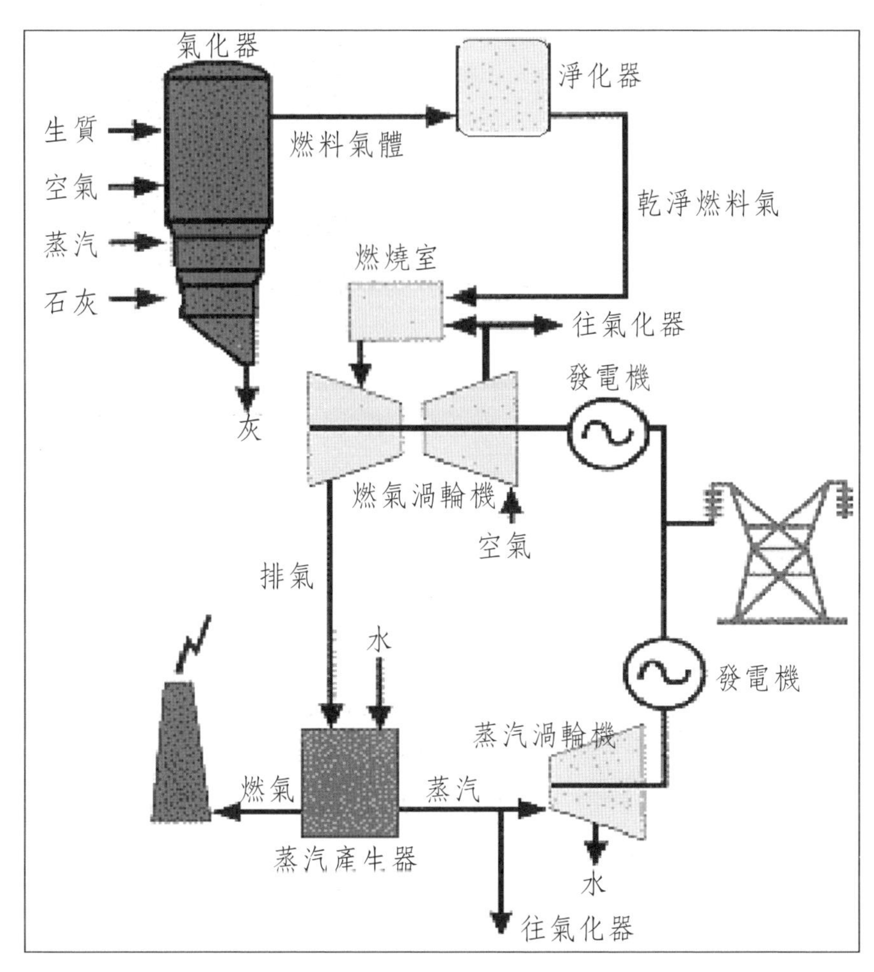

圖 5-12　複合式循環發電系統

體，一般含有 50% 至 60% 甲烷。

在垃圾掩埋場當中，可鑽井導出這些氣體，經過過濾和洗滌即可作爲燃料。如此不僅可從中發電，且可降低原本會排至大氣的甲烷（爲主要溫室氣體之一）。

圖 5-13　垃圾掩埋場收集甲烷等氣體

四、以木粒作為發電燃料

如前所述，用在大型鍋爐的生物質量，最好的是顆粒狀木材，其已在全世界大量流通。這類木粒的總含水率一般在 10% 以下，平均約在 6～7% 之間。含水率偏高的木粒，其處理容易出現例如熱平衡等問題。

若以錘磨加工（hammer mills），顆粒狀和粗粉末狀的生質材料，皆可接受，含水率則可達 15～20%。根據過去一些改裝發電廠的經驗，只要進入燃燒器的顆粒尺寸可接受，且燃料供應保持穩定，則其燃燒的狀況和灰燼也就都可接受。

在燃煤電廠以木粒一道燃燒，是快速發展中的應用方式，主要在於降低碳排放。這在前東歐和一部分的德國尤其如此。有些工業會將木粒當作現場作業熱源，通常在熱電共生裝置當中，這方面的成長相當穩定。

圖 5-14 所示，爲全球木粒在各地的成長情形。可看出，全球木粒穩健成長，在亞洲尤其明顯，除了中國大陸占最大部分，越南、馬來西亞及泰國緊跟在後。圖 5-15 所示即爲越南木粒廠中冷卻區實景。

雖然從木粒到能源的轉換效率很高，但要眞的應用，首先還需確保可靠

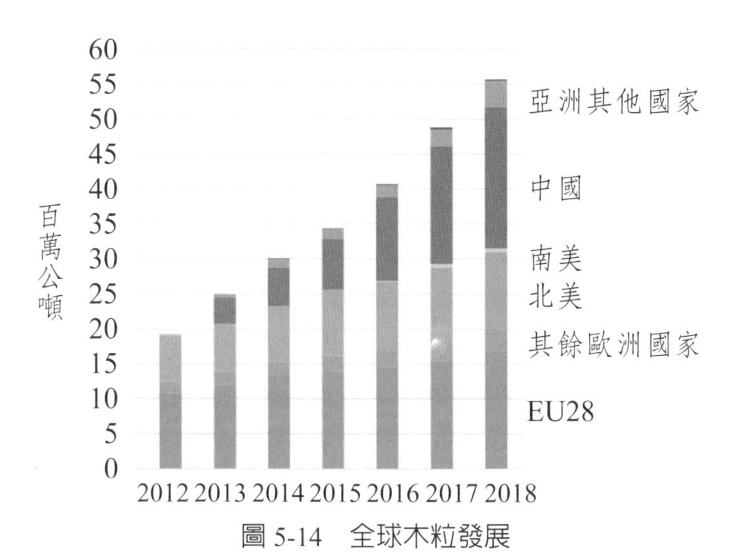

圖 5-14　全球木粒發展

資料來源：Bioenergy Europe, 2020

圖 5-15　越南木粒廠

的木粒來源與價格。而只要有正確的政策，從農、林業獲取新類型顆粒，便有可能將木粒能源帶進一個新紀元。

以木粒用於燃煤發電廠的一大優點，是原燃煤電廠僅略作修改，即可改燒木粒。如此可讓該電廠僅以小幅投資，即可轉而產生大量再生能源電力。通常這類轉換，皆將木粒磨成木粉和煤粉共燃。目前最大的這類電廠位於英國 Drax（如圖 5-16）。該電廠每年使用 4.5 百萬噸木粒發電，比原本全部燃煤，減少八成 CO_2 排放。

歐洲的木粒需求，預計在 2021 至 2026 年將成長 30～40%。其在 2020 年所使用的木粒當中，用在居家取暖的占四成，用於發電（包括熱電共生）的占 46%，其餘 14% 用於商用加熱。

此外，歐洲的共燃發電站在 2020 年，幾乎都已轉型爲完全燒木粒。前述 Drax 發電廠六個 65 MWe 發電單元當中的四個，已轉型成爲完全以生物質量運轉。剩下兩座燃煤單元，正評估當中。

圖 5-16　以木粒為燃料的英國 Drax 發電廠（圖左）及其木粒儲存槽（圖右）

五、非木質生質的性質

如今也有許多，利用非木質燃料在大型燃煤鍋爐中進行共燃的實例。其一般可分成兩類：

- 以大量源自農、工業產物加工成的生質，及
- 草、秸稈及蘆葦。

前者的主要材質包括：

- 源自大規模橄欖油、葵花油等植物油生產的殘料，
- 源自核桃、花生等堅果與柑橘類等水果生產的殘料，及
- 源自麵粉、穀物等生產的殘料，如小麥、燕麥、稻米等殼。

以這些原料一般都只能以相當小的比率進行共燃，主要受限於高灰分和高鹼金屬含量。

六、生物質量單獨燃燒和共燃的選項

圖 5-17 所示，為幾個大型燃燒煤粉電廠的生質共燃技術的主要選項，包括：

- 以 100% 鋸木粉顆粒（sawdust pellets），送入既有煤粉燃燒系統。
- 利用既有煤處理系統，預先將生質與煤混合，以最低共燃比率（一般低於 10～12%），送入既有燃煤系統；其投資成本最低、可最快落實。
- 將經過錘磨到適當尺寸的生質，直接噴入煤粉燃燒系統或生質專用燃燒器。其可達到高得多的共燃比，但投資遠高於前項的。此為過去幾年來，在歐美燃煤電廠最受歡迎的選項。
- 將生質氣化用於專用單源。其僅用於少數歐洲電廠。

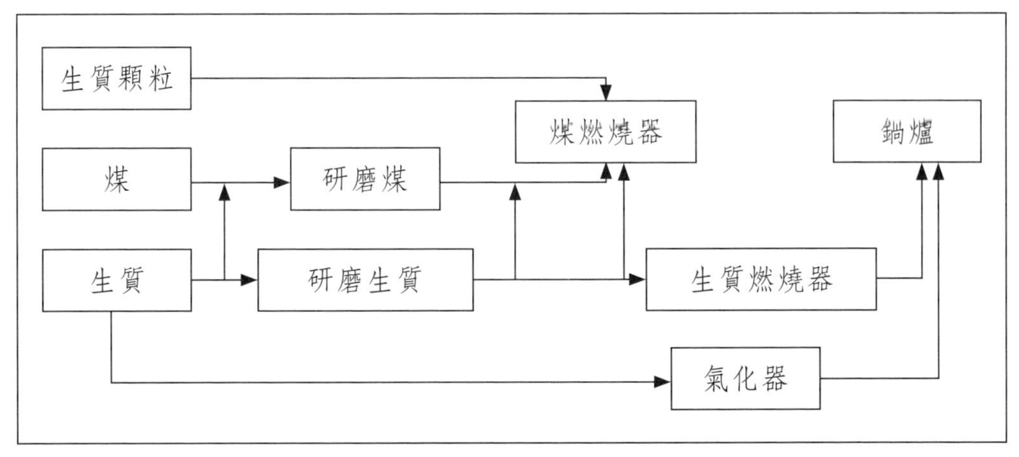

圖 5-17　大型燃煤電廠的生質共燃選項

總的來說，目前已有許多適用於改裝，或是新建系統的各種生質的共燃選項，取決於可用燃料，以及電廠經營者的整體目標。圖 5-18 所示為這類生質電場的燃料供應系統。

圖 5-18 生質電場的燃料供應系統

在傳統蒸汽循環電廠中使用生質燃料，有如下三種選項：

- 以爐格床（grate fired bed，圖 5-19）或流體化床（fluidized bed，圖 5-20）爲基礎，設置工業或發電廠規模的生質專用發電廠；
- 在大型燃燒煤粉鍋爐內，和傳統燃料共用或共燃；以及
- 將既有煤粉鍋爐改裝成百分百生質燃燒。

圖 5-19 爐格床燃燒

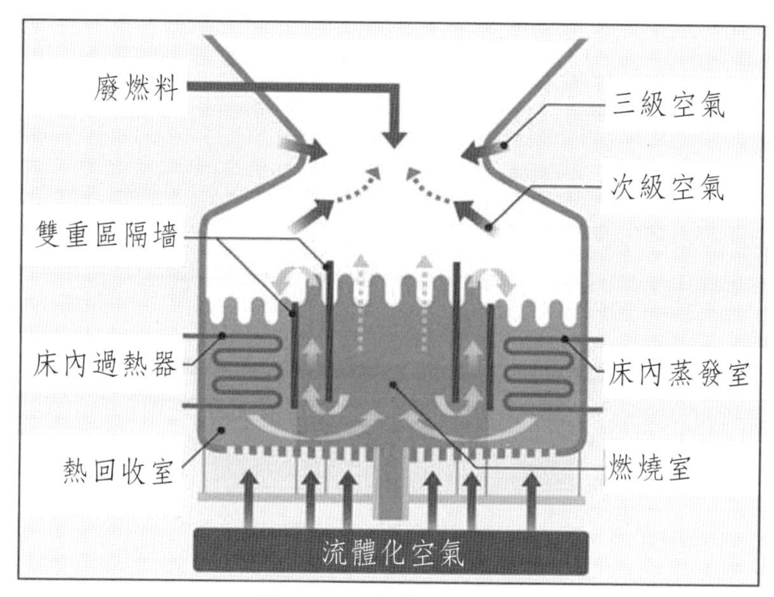

圖 5-20　流體化床燃燒

1. 與灰有關的影響

生質燃料影響鍋爐性能與整體性的關鍵，在於生質的無機成分。這些包括鍋爐表面的積灰、爐管腐蝕和微粒衝擊侵蝕。在爐膛內會有以下，和形成高溫積灰相關現象：

- 融熔或部分融熔灰質累積在鍋爐部件表面，
- 融熔或部分融熔灰質累積在熱交換器表面，及
- 大塊積灰累積在爐膛上表面。

此外，在鍋爐的過熱器、再熱器及蒸發室等對流部分，也會有積灰的情形，一般稱爲汙損積灰（fouling deposits）。

至於在爐管燃氣側表面形成的腐蝕過程，則相當複雜。其會在與高溫燃氣產物接觸的積灰底下形成，接著對燃燒和運轉狀況構成重大改變。

2. 對環境的影響

純生質或生質共燃鍋爐運轉，所需要關切的空氣汙染物，及其防治方法如下：

- 總懸浮微粒排放防治，主要靠乾式淨電集塵器（dry electrostatic precipitators, ESP）或是濾袋（fabric filters, filter baghouse），
- 氮氧化物（NO_x）排放，主要靠初級和次級防治技術，即低 NO_x 燃燒器（low NO_x burner）、二階段燃燒系統、選擇性催化還原（selective catalytic reduction, SCR），及用得最多的選擇性非催化還原（selective non-catalytic reduction, SNCR）系統，以及
- 硫氧化物排放防治，主要靠在流體化床鍋爐中添加石灰石（limestone），以及以濾袋收集微粒等。

若採用 ESP，技術上主要需顧慮的是從生質燃燒產生的微粒，會比一般從燃煤產生的要小得多。且其往往還會夾帶著微米以下的煙塵與蒸氣。

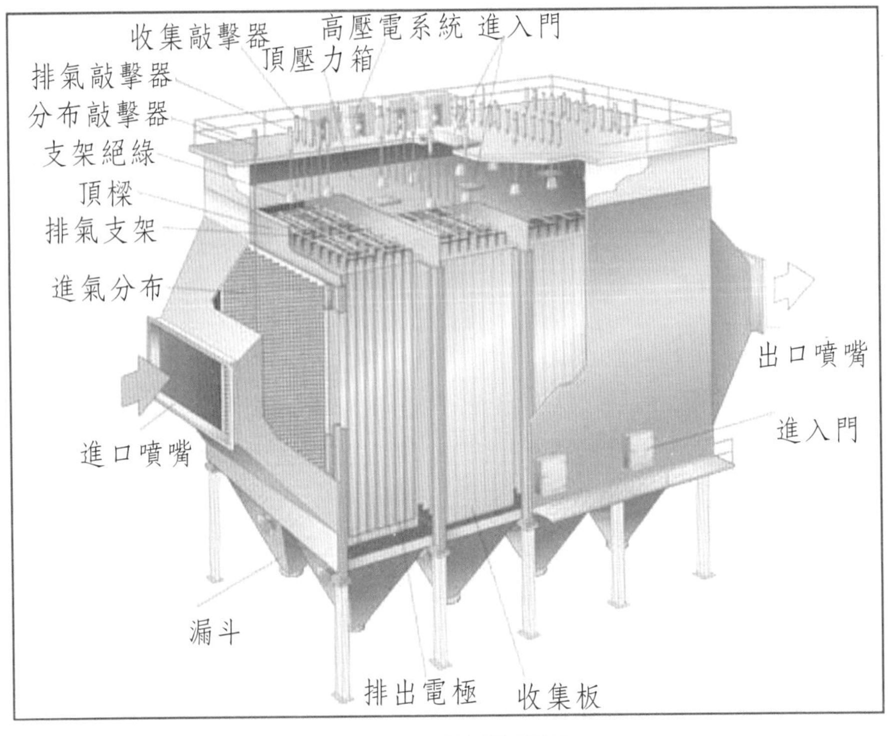

圖 5-21　淨電集塵器

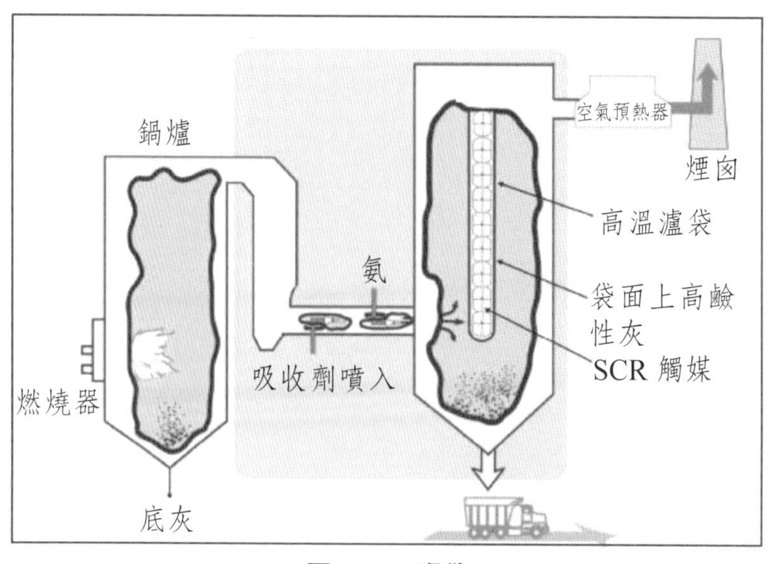

圖 5-22 濾袋

圖 5-23 所示，爲生質共燃電廠內的 SCR 實體與現場。一般而言，生質共燃對電廠運轉的影響，主要取決於生質的性質和共燃比。當共燃比低於 10% 以下，對燃燒設備的影響會相當小。

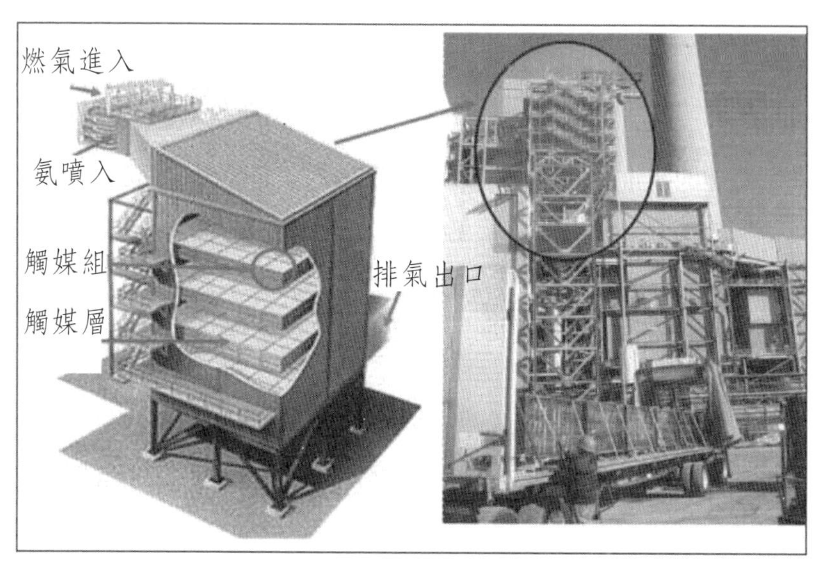

圖 5-23 生質共燃電廠 SCR 實體與現場

第六章

運輸用生物燃料

一、生物燃料與運輸脫碳

二、汽車生物燃料

三、船運生物燃料

四、極地海運

五、航空永續燃料

六、火車生物燃料

一、生物燃料與運輸脫碳

圖 6-1 所示，爲全球原油價格歷史，包括對油價構成重大影響的幾個主要事件。二次大戰後，廉價的中東石油，使大家對生質燃料興趣不再。直到 1973 年與 1979 年的石油危機，許多政府和學術界重拾對生質燃料的研發。

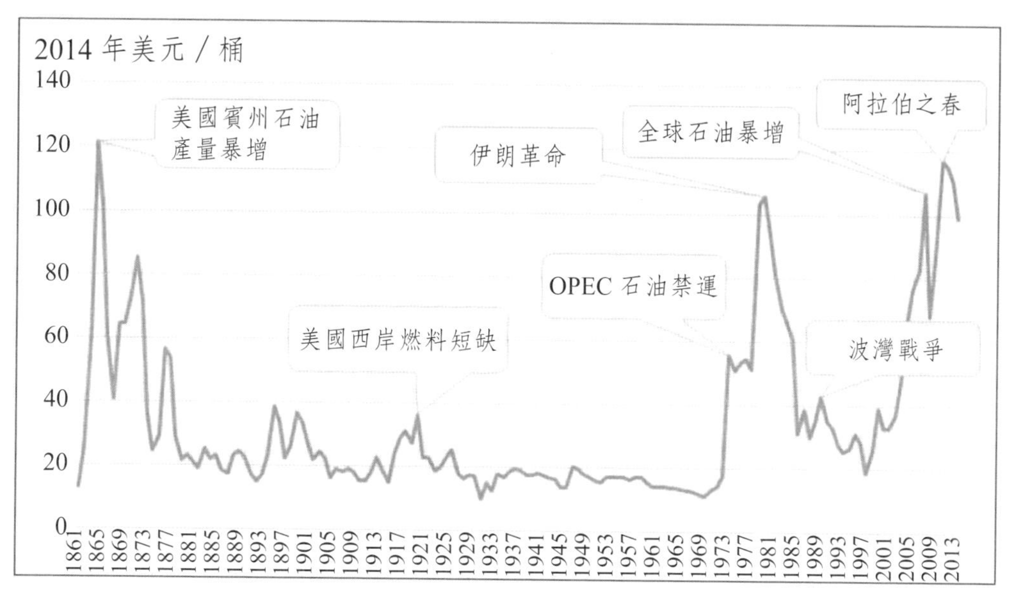

圖 6-1　原油價格歷史

但到了 1986 年油價慘跌，又再次讓大家失去對生質燃料的興趣。運輸用燃料也就因此，長期以石油產品爲主。汽、柴油等燃料，搭配車輛等運輸工具及長期建構起的輸油、加油等基礎設施，致使運輸部門難以減碳與脫碳（decarbonization）。而作爲替代燃料（alternative fuels）選項之一的生物燃料，也就勢將在未來運輸脫碳的過程中，扮演重要角色。

進入 21 世紀，世界整體的運輸用生物燃料消耗量快速增加。自 2000 年油價再度飆漲以來，中東局勢不穩帶來對油源的不確定感，加上溫室氣體排放造成全球暖化等因素，導致生質燃料再度獲得關愛。許多政府都明確聲明，並實質上支持生質燃料。

圖 6-2 所示，爲燃料甲醇耗量的成長情形。從圖中可看出，美國擴大使用甲醇，遠超過其他國家與地區。美國前總統布希（George W. Bush）在 2006 年國情咨文演說（State of Union Speech）當中，即指出「美國人用油成癮」，提出先進能源倡議（Advanced Energy Initiative），並設定目標在 2025 年之前，以生物燃料取代 75% 中東進口的石油。

圖 6-3 所示，爲 2016 年之前，生質柴油耗量分別在主要國家和地區的成長情形。從圖中可看出，歐洲擴大使用生質柴油的程度，遠超過包括美國在內的其他國家。

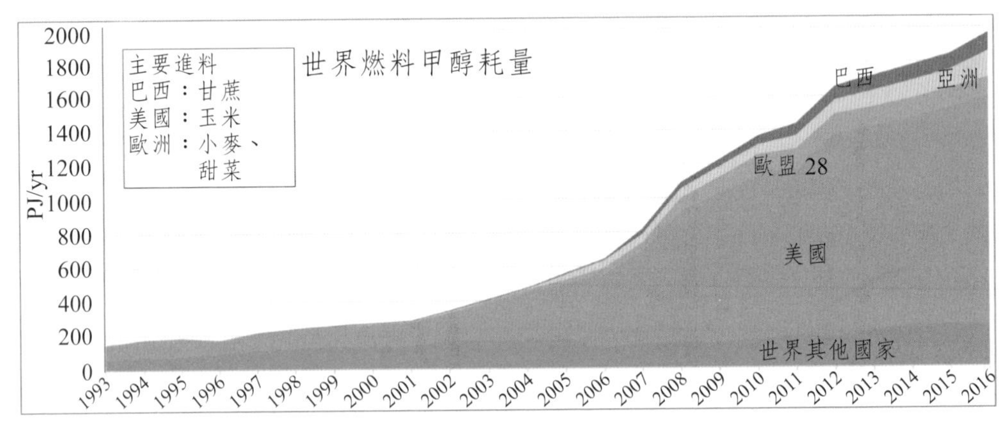

圖 6-2　世界燃料甲醇耗量的成長情形

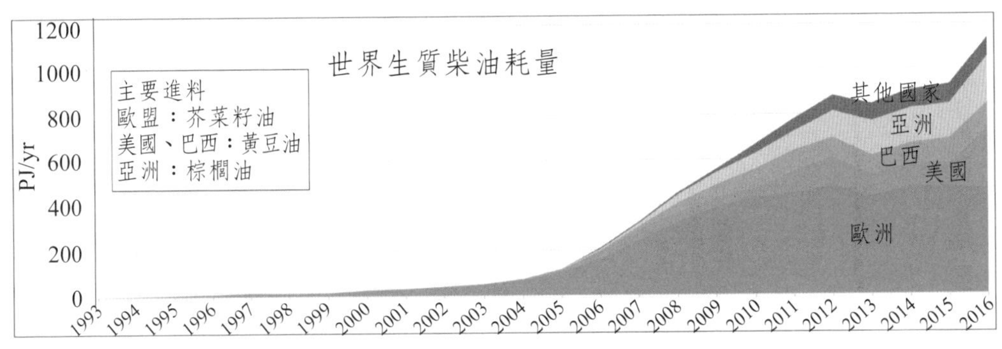

圖 6-3　世界生質柴油耗量的成長情形

二、汽車生物燃料

今天我們稱生質酒精、生質柴油等生物燃料，爲驅動汽車的替代燃料。而其實，早自汽車工業萌芽時期，業界便採用液態生物燃料。

發明內燃機（internal combustion engine）的德國人尼古拉斯．奧圖（Nikolaus August Otto，圖 6-4）和發明柴油引擎（diesel engine）的魯道夫．迪塞爾（Rudolf Diesel，圖 6-5）當初所燒的，便分別是乙醇和花生油。至於發明汽車的美國人亨利福特（Henry Ford），一開始想量產的便是電動車，卻在遇挫後，於 1926 年開始量產純燒乙醇的 Ford Model T（圖 6-6）。

圖 6-4　尼古拉斯．奧圖

圖 6-5　魯道夫．迪塞爾和他的引擎

圖 6-6　福特首次量產的 Ford Model T

二次世界大戰之前，德國將馬鈴薯發酵所產生的酒精與汽油混合，稱作 Reichskraftsprit 銷售。英國的 Distillers Company Limited 公司，則是販售穀物所釀酒精和汽油混合成的 Discol。

1. 直接生物燃料

直接生物燃料（direct biofuel）指的是，可直接用在未經改裝引擎上的生物燃料。如今市面上也有一些彈性燃料引擎（flexible fuel engine），會在設計時將某些生物燃料一併納入考量。其異於一般車的一些特點，如圖 6-7 所示。

圖 6-7　FFV 和一般汽車不同之處

2. 生質柴油車

儘管大多數引擎廠所認可的生質柴油比例為 5%（B5）或 20%（B20），但許多有意引進生物燃料的國家，卻仍只採取很小比例的生物燃料和傳統燃料混合的保守做法。圖 6-8 所示，為燒黃豆生質柴油的公共汽車。

柴油引擎的最大優點是，其燃料效率可達 50%，遠比汽油引擎的 23% 為高。有些柴油動力車僅需要微幅，甚至不需調整，便可使用可以從蔬菜油生產的 100% 純生物柴油。

圖 6-8　燒黃豆生質柴油的巴士

蔬菜油在天氣很冷時容易固化，因此需修改車子，使它能在冷天時預熱燃油。有些先進的低排放柴油引擎車，由於操作壓力較高，而需要在噴油系統、油泵和密封等處作較大幅改裝。

3. 生物酒精 / 乙醇車

以生物酒精或乙醇（bioalcohol/ethanol）作爲內燃機的燃料，無論單獨或是和其他燃料結合，一直都最受到矚目。這主要是在於其在環境和長期經濟上，都很可能優於化石燃料。圖 6-9 所示，爲正在加醇的 Scania 巴士。

圖 6-9　正在加醇的 Scania 巴士

甲醇和乙醇都曾是汽車生物燃料的考慮對象。二者都可以很容易從穀物、甘蔗或甚至甜菜等作物當中的糖或澱粉得到，而特別受到重視。

由於在自然界，酵母菌遇到像是過熟水果當中的糖溶液便會產生乙醇，大多數酵母菌也就都進化成爲能夠承受乙醇。至於甲醇，就對酵母菌具有毒性了。

酒精燃料一旦混入汽油，即得到名爲汽醇（gasohol）的產物，以 E 後面跟著乙醇的百分比表示。例如 10% 乙醇和 90% 汽油混合成的 E10 汽醇，在許多國家早已相當普遍（如圖 6-10 所示）。在巴西和阿根廷，已廣泛使用純乙醇的 E100。圖 6-11 所示，爲位於波蘭的 E100 加「油」站。

圖 6-10　1971 年美國內布拉斯加州的汽醇車

此外，由於乙醇的揮發性不如汽油，因此有些引擎在使用混有較高比例乙醇的情況下，會有起動的困難，特別是在寒冬，情況會更嚴重。因此，一些像是巴西等已經普遍用到E100的國家，一般車上都會附掛一個小汽油箱。

圖 6-11 位於波蘭的 E100 加「油」站

高百分比乙醇對於含鎂和鋁零件的腐蝕，也是一大問題。乙醇的每單位體積具有的能量比汽油的爲低，所以儘管乙醇的辛烷值較高，而有利於高壓縮比引擎，混入乙醇的汽油每公升行駛公里數，也就比純汽油低得多。

巴西政府在 1975 年，就針對石油價格高漲加上愈來愈仰賴進口石油的困境，大手筆補貼生產源自本土甘蔗的乙醇燃料及乙醇驅動汽車。只不過到了 80 年代末期，卻又因油價下跌加上甘蔗價格上漲，而在經濟上變得不切實際。

4. 生物氣車

生物氣（biogas）經過淨化與壓縮，便可用於內燃機。其標準生產方式在於去除水分、硫化氫（H_2S）和微粒，品質媲美壓縮天然氣。圖 6-12 所示，爲兩款配備木柴氣化器（如圖 6-13 所示）的木材氣車。爲了延長續行距離，右圖車頂更備妥了夠多，可進行氣化的木料。

圖 6-12　兩款配備木柴氣化器的木材氣車

資料來源：www.vintag.es

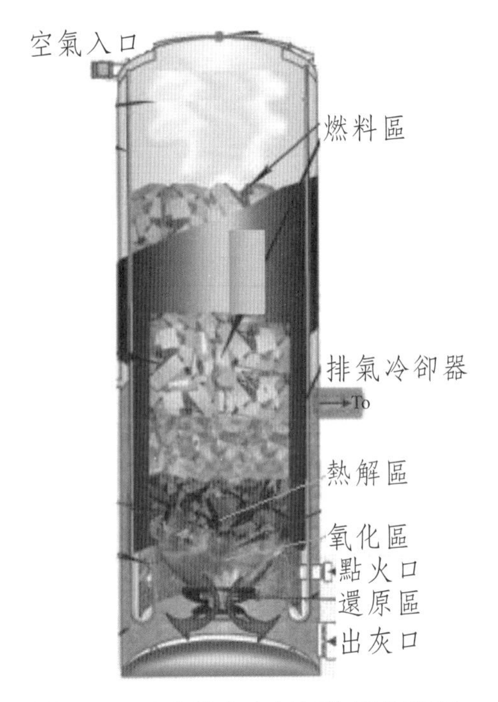

圖 6-13　車上裝有木材氣化器的汽車

三、船運生物燃料

根據聯合國的數據，全球船運每年排放約 10 億噸 CO_2，占全球總排放量近 3%。在脫碳（decarbonization）趨勢下，海運業對生物燃料的需求將持續上升。這主要在於，生物燃料可和類似的化石燃料相混，用在既有的引擎上。此相較於其他例如改裝成可燒燃油與天然氣的雙燃料引擎，這類需要龐大資金投入的脫碳選項，對船東極具吸引力。

沃旭能源的綠色甲醇計畫（FlagshipONE），利用再生能源電力，加上二氧化碳捕集，進行電甲醇（e-methanol，綠甲醇）生產，供作船舶燃料。居世界貨櫃航運業之首馬士基（Maersk）航運公司，則新造了 12 艘以綠甲醇（green methanol）推動的 16,000 二十呎（twenty feet equivalent unit, TEU）貨櫃船（如圖 6-14），預於 2024、2025 年交船。此綠甲醇生產自氫和生物質量，屬碳中和燃料（carbon neutral fuel）。

圖 6-14　Maersk 以綠甲醇為動力的貨櫃船

原本船運採用生物燃料的實例一直極少，僅限於幾艘示範、先導和試驗船。然而到了 2022 年便開始加速，新加坡和荷蘭鹿特丹兩港合起來，已有約 93 萬噸的混和生物燃料加到船上。

若以一般混和燃料採用的近 30% 生物燃料估算，2022 年船上用掉的純生物燃料約達 28 萬噸，大約占全部船運年燃料耗量（2.8 億噸）的 0.1%。圖 6-15 所示，爲設置在輪船甲板上的甲醇燃料儲存與供應系統。

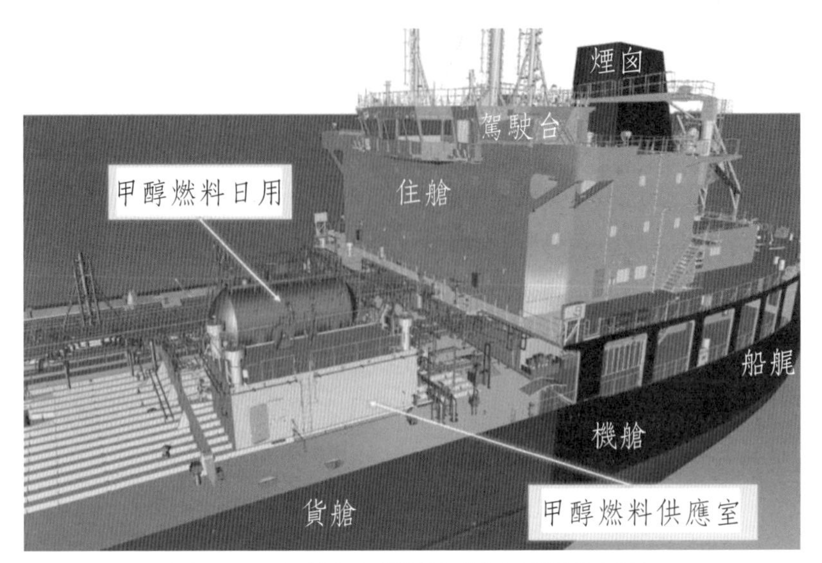

圖 6-15　輪船的甲醇燃料儲存與供應系統

繼 Maersk 之後，其他業者可望陸續跟進。例如經營近洋貨櫃航運的新加坡 X-Press Feeders，便接著向中國大陸船廠訂造 16 艘甲醇貨櫃船。

圖 6-16 所示，爲海運界透過使用生物甲醇燃料，追求碳中和目標的概念。Maersk 爲確保綠甲醇來源，同時和丹麥的 REintegrate 簽約，每年供應 1 萬噸綠甲醇，並設法獲取更多綠燃料供應，以滿足其整個碳中和船隊（carbon neutral fleet）需求。

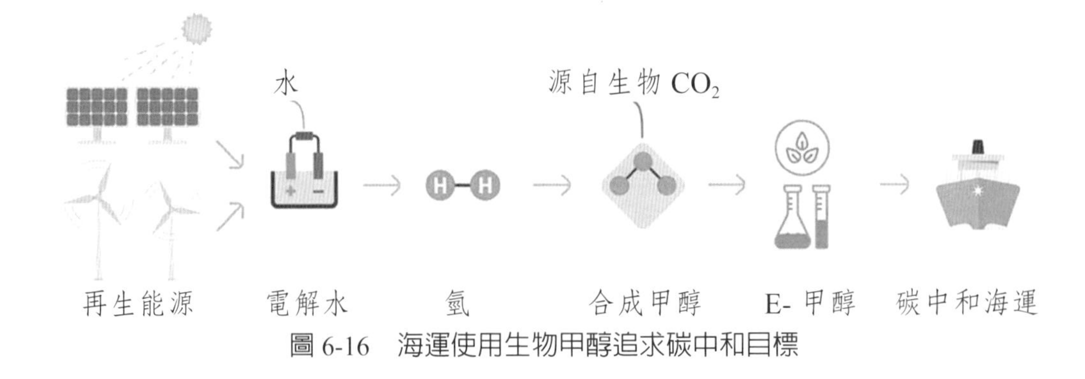

圖 6-16　海運使用生物甲醇追求碳中和目標

日本 NYK 公司 2024 年也在其既有輪船上，進行長期採用生物燃料的全尺規試驗。其設定在 2030 年，將溫室氣體排放降低至比 2021 年少 45% 的目標。NYK 截至 2023 年底的訂單（預計 2028 年之前交船）當中，4% 的載重噸容量準備要燒替代燃料，另有 4% 即將要進行這類改裝。圖 6-17 所示，爲遠洋海運採用生物燃料與轉換路徑的簡化架構與系統。

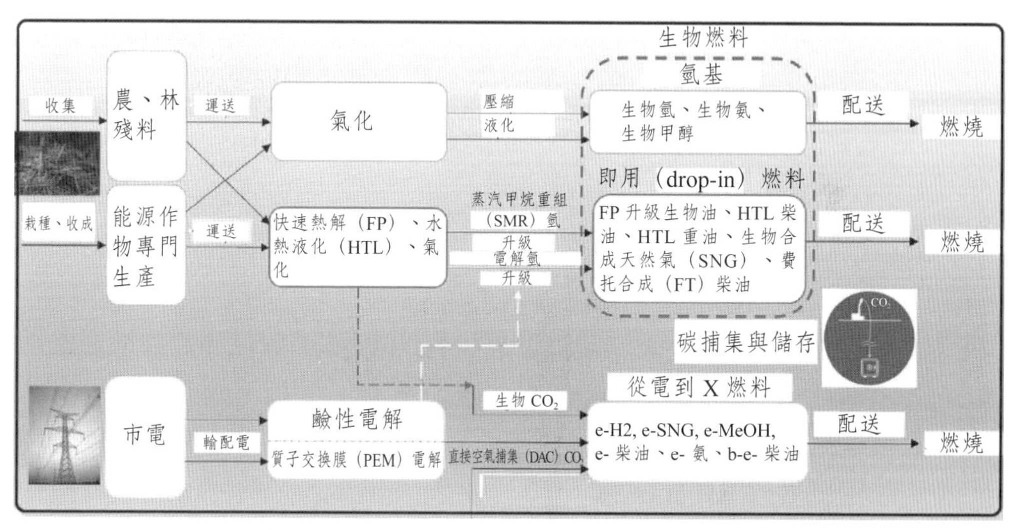

圖 6-17　遠洋海運採用生物燃料與轉換路徑的簡化架構與系統

挪威汽車船公司 Höegh Autoliners 正與 Varo 能源公司交涉，要 100% 使用先進的生物燃料。如此可讓公司的溫室氣體排放，比使用傳統船用燃料降低 85%。其 Höegh Trigger 輪（圖 6-18）於 2021 年，藉著這類先進生物燃料，完成從歐洲到南非的首趟碳中和（carbon-neutral）航行。

四、極地海運

極地冰覆蓋面積縮減，開啓了如圖 6-19 所示三條新航道，縮短了國際海運的距離。然而，此新增加的國際海運量，卻又讓海運燃料燃燒造成的大氣排放，成爲影響極地區域的主要因素。

圖 6-18　Höegh Autoliners 公司的 Höegh Trigger 輪

圖 6-19　極地三條新航道

因此，源自森林殘料的生物燃料，也就成為相當具吸引力的海運替代燃料。而整套針對永續性的生命週期評估（圖 6-20），也就成為當務之急。圖 6-21 所示，為其氫基礎燃料的生命週期系統。

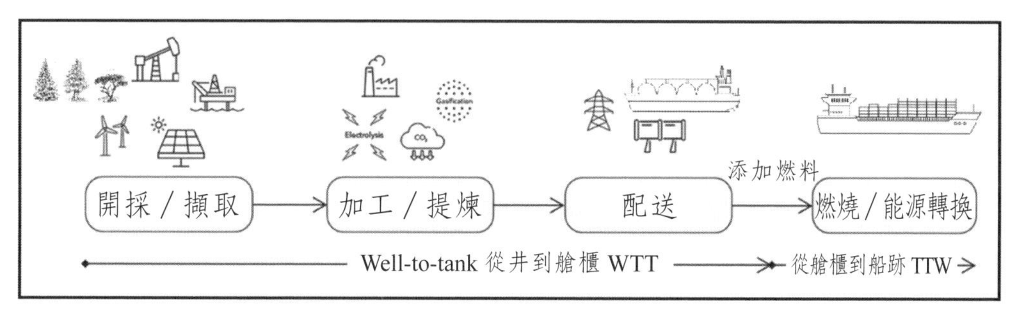

圖 6-20　海運替代燃料生命週期評估流程概念

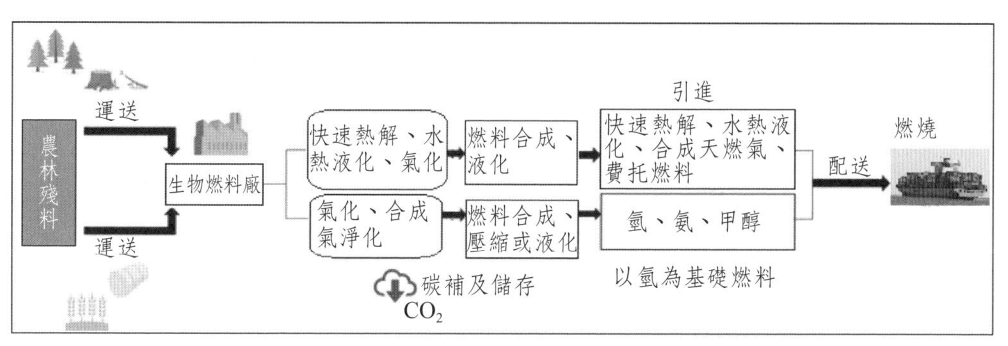

圖 6-21　以氫為基礎海運燃料生命週期系統示意

五、航空永續燃料

2012 年 7 月，一架波音 747-8 噴射客機（如圖 6-22 所示）從美國華盛頓 DC 起飛橫越大西洋，降落在法國巴黎。這架飛機的四部 GE GEnx-2B 引擎由 15% 生質燃油和 85% 傳統煤油（kerosene fuel, Jet-A）混成。該飛機使用的是從如圖 6-23 所示，美國蒙大拿州原生的亞麻薺（camelina）生產出的生質燃油，其引擎與運轉皆不需做任何修改或調整。

圖 6-22　燃燒生物燃料的波音 747 客機

資料來源：istock.com

圖 6-23　亞麻薺和籽

圖 6-24 所示，為以廢料作為永續航空燃料的概念。美國能源部（DOE）、交通部（DOT）及農業部（DOA），共同努力降低成本、強化永續性以及擴充與使用永續航空燃料，達成以下目標：

- 比使用傳統飛機燃油，至少降低五成生命週期碳排；
- 在 2050 年之前，100% 使用永續航空燃料。

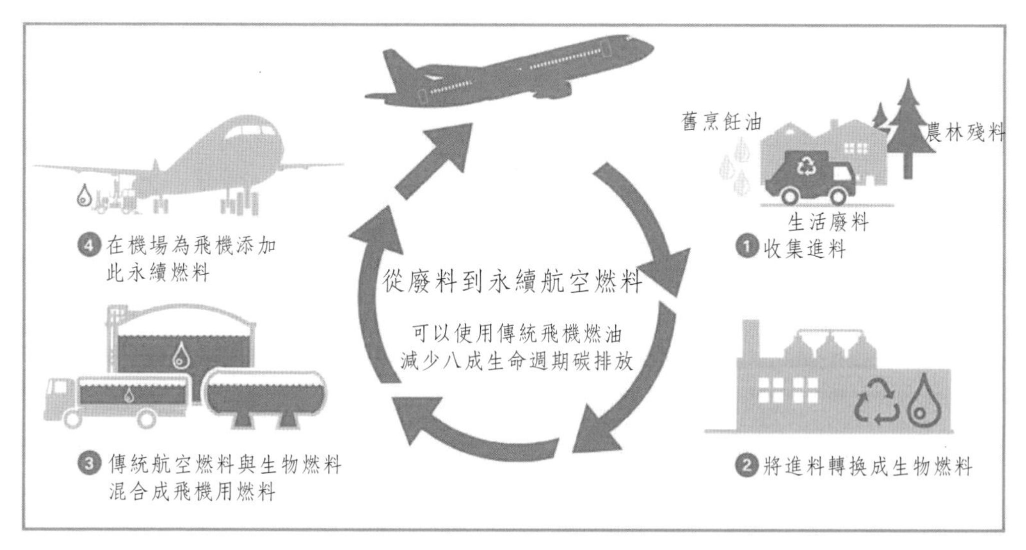

圖 6-24　以廢料作為永續航空燃料的概念

六、火車生物燃料

傳統鐵路運輸所用的燃料，主要是柴油與煤。其替代燃料包括，液化天然氣、電、液態生物燃料和氫。如今許多鐵路網都已電氣化，而源自再生能源的電力，也就成爲其替代燃料。

至於仍採用柴油引擎的火車，則很有機會以生質柴油作爲替代燃料。圖 6-25 和圖 6-26 所示，分別爲美國和爲印度燃燒生質柴油的火車頭。

其餘可能的火車替代燃料，還包括生質液體（biomass to liquid, BTL）和熱液升級（hydrothermal upgrading, HTU）柴油、生物氣與生物甲烷、生物乙醇及生物丁醇，以及源自生質熱電共生系統的電力。

英國奇爾登鐵道公司（Chiltern Railways）的混合動力火車，行駛於倫敦和 Marylebone 與 Aylesbury（約 60 公里）之間。該 20 年車齡重新命名爲 HybridFLEX 的機車頭上裝設了電池，以時速 160.9 公里行駛，可削減 50% 燃耗與碳排，以及 75% 噪音和 70% 氮氧化物排放。繼新簽訂的合約之後，將陸續交付 135 列這類火車。

圖 6-25　美國 Amtrack 生質柴油火車頭

圖 6-26　資料來源 https://www.youtube.com/watch?v=HNvh2daHT7w

可預見，未來必將呈現海運、航空及陸地運輸業，競相爭取生物燃料的局面。尤其，航空與路上的市場既已成形，海運業之間對生物燃料的競爭，勢必更加劇烈。

圖 6-27　英國的油電混合動力火車

第七章

先進生物能源

一、綜觀先進低碳生物能源

二、交通

三、發電

四、結合碳捕集與儲存的生物能源

五、纖維質生物燃料

六、以氫為基礎的生物燃料

一、綜觀先進低碳生物能源

國際能源總署（IEA）預測，全球追求淨零目標，在 2050 年之前的全球排放趨勢，如圖 7-1 所示。從右圖可看出，雖然目前在總排放當中所占比重，依序爲發電、產業、運輸、建築及其他，但發電排碳，卻將加速下滑。原因爲何，值得探究。

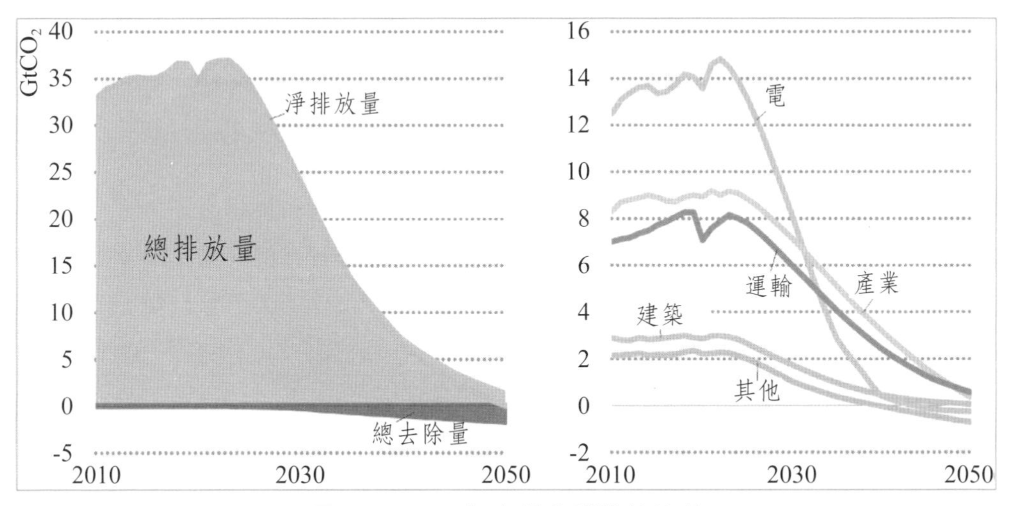

圖 7-1　2050 年之前全球排放趨勢

而如圖 7-2 所示，在達成淨零的過程中，先進生物能源（advanced bio-energy）將在偏低或零排放的再生能源當中，扮演最重要角色。

一般而言，先進生物能源的生產成本，會高於傳統生物燃料的。因此其推動，端賴政策架構。目前採用的先進生物能源，占所有再生能源耗量近半，這主要是因爲：

- 先進生物能是再生能源當中，唯一能同時提供電、直接加熱和運輸燃料的；
- 先進生物能源的熱，有三分之二都用於工業；以及
- 先進生物能當中有一大部分，都已源自於永續風險相當低的殘渣與廢棄物進料。

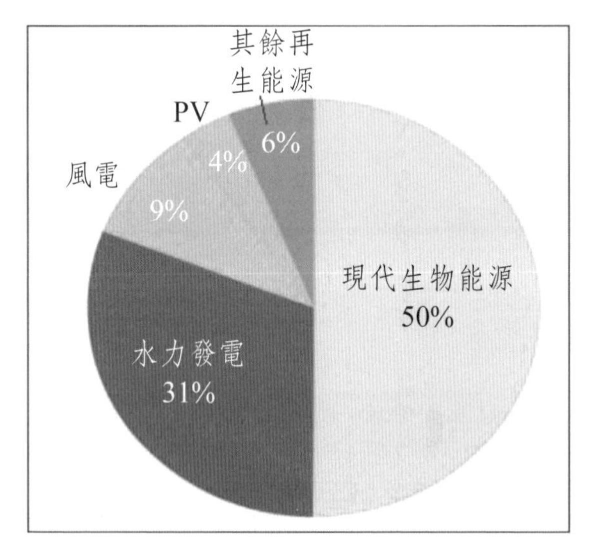

圖 7-2　各種再生能源占比

根據 IEA 的定義，先進生物燃料爲：

- 產自非糧食進料，亦即其爲殘渣和著眼於木質纖維素（lignocellulose）的林木廢料；
- 相較於化石燃料，能獲致顯著生命週期 GHG 排放減量；
- 不會直接和糧食與飼料作物競爭土地；以及
- 不會對永續性構成負面影響。

一些先進生物燃料的途徑如圖 7-3 所示。

二、交通

近幾十年，美國持續推動以玉米乙醇（corn ethanol）作爲汽油的替代選項。目前其已占全美再生生物燃料近九成。近幾年則轉向由木質纖維生物質量生產生物燃料，以避開搶糧等爭議。然而，木質纖維生物燃料產業仍需面對各種問題，包括供料成本與可提供性、高生產與投資成本，以及政策和市場的持續變動。

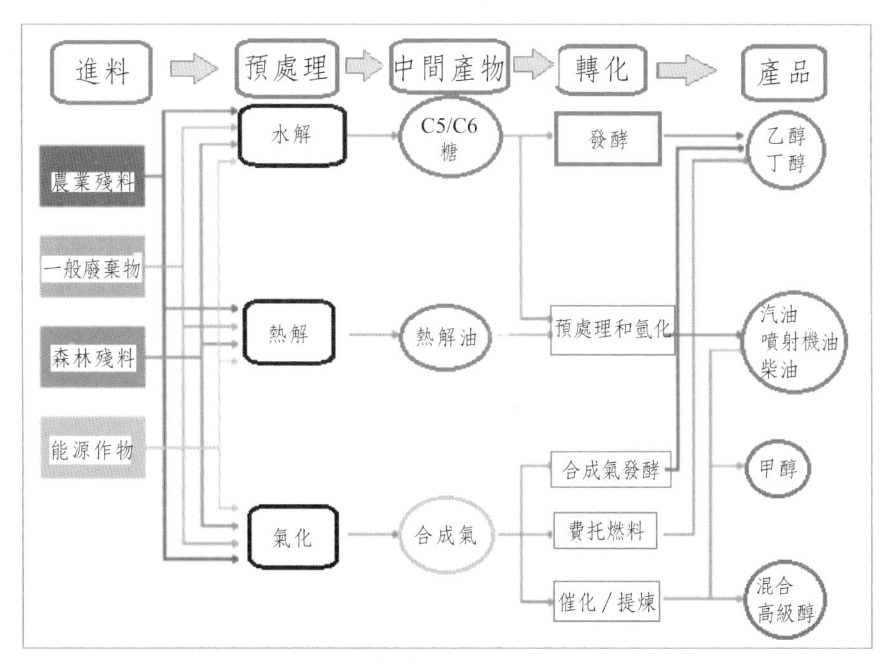

圖 7-3　先進生物燃料的途徑

三、發電

圖 7-4 所示，爲位於英國約克夏（Yorkshire）的 Drax 燃煤發電廠。其於 2010 年，先是轉換爲與生質共燃，接著於 2018 年將全部四部機組，進一步轉換爲純燃燒生質，接著並結合碳捕集系統，成爲生物能源搭配碳捕集與儲存（bioenergy carbon capture and storage, BECCS）。

圖 7-4　以木粒為燃料的英國 Drax 發電廠（圖左）及其木粒儲存槽（圖右）

四、結合碳捕集與儲存的生物能源

近年來 BECCS 愈來愈受到關注。此不僅在於其爲取代化石燃料的碳中和選項之一，而且在於其爲趨向「負排放」（negative emissions），進而達成淨零目標，最符合成本有效的路徑之一。然而，一如任何用來解決環境議題的解方，BECCS 亦有其必須克服的挑戰和障礙。圖 7-5 所示，爲全球 BECCS 場的分布情形。

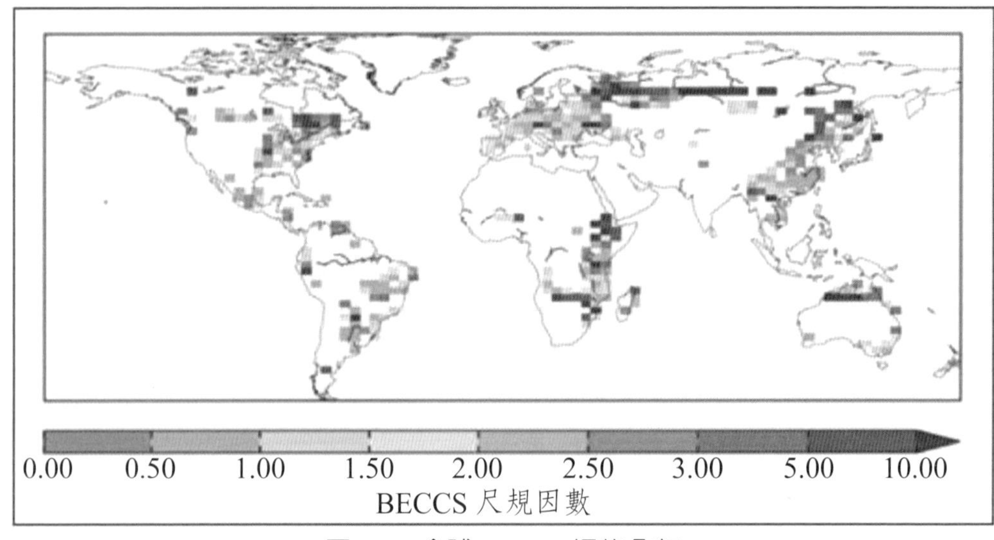

圖 7-5　全球 BECCS 場的分布

過去生物能經常被提及的挑戰，包括糧食安全、土地利用、水資源利用，以及其擴大應用規模的可行性等。因此，要成功落實，便必須逐一解決這些嚴苛的挑戰。例如此新領域，在接下來幾十年內，活躍的研發加上強而有力政策的支持，皆不可或缺。結合如圖 7-6 所示幾種碳捕集與儲存選項的 BECCS，爲主要負排放選項之一。

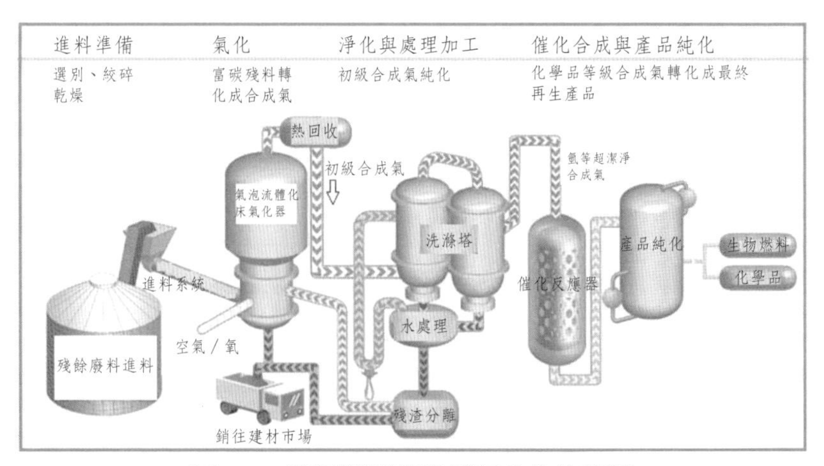

圖 7-6　連同碳捕集與儲存的生物能源

如圖 7-7 所示，包含森林、農作物生長及殘料利用等在內的碳捕集與儲存，可用來捕集源自生物能發電廠的排放，而可導致淨零（net zero），從大氣當中去除二氧化碳。然而，BECCS 也可導致正排放。此取決於該生物質量材質如何種植、收穫及運送。然而終究，仍會有人質疑以 BECCS 作爲碳匯（carbon sink）弊大於利。

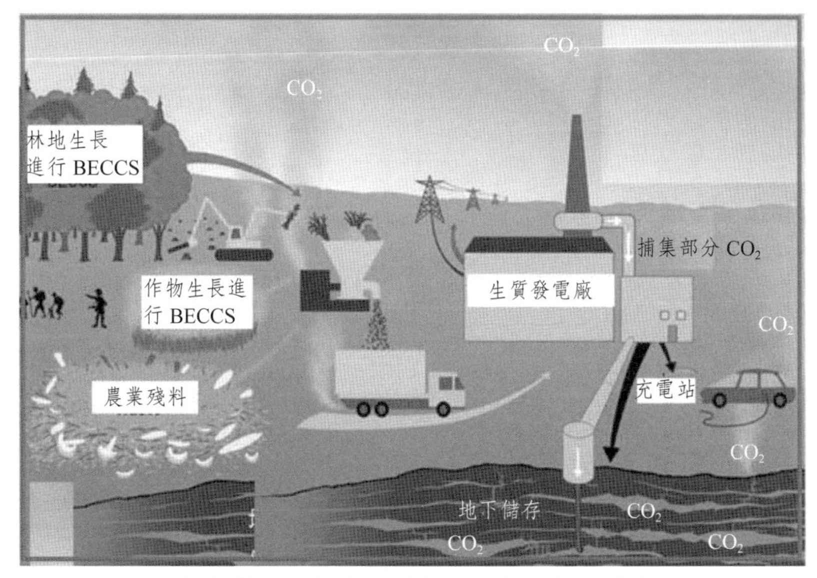

圖 7-7　包含農、林生長及殘料利用的碳捕集與儲存系統

一些 IPCC 的情境都假設，所有作物土地的一半，將會栽種燃料作物連同 BECCS，以在 2050 年達成「淨零」。圖 7-8 所示，為幾種碳捕集與儲存的選項。

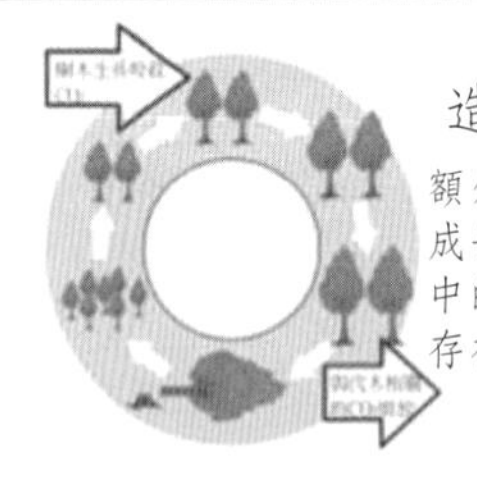 造林與再造林 額外種植的樹木，在成長過程中吸收大氣中的 CO_2，將 CO_2 儲存在生物質量當中	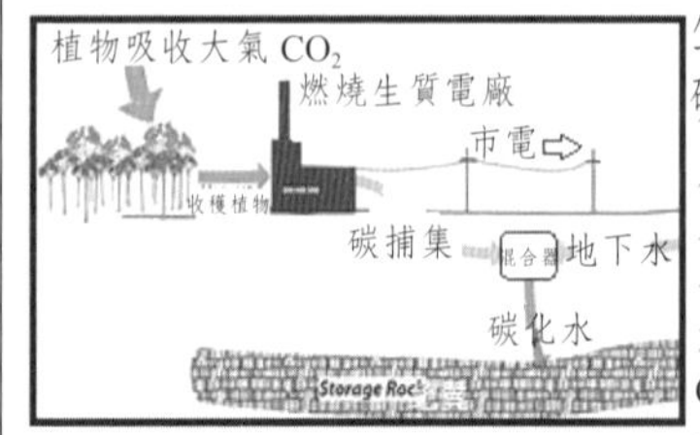 生物能源搭配碳捕集與儲存 植物吸收 CO_2，在符合碳中和理想的電廠中燃燒，接著若搭配 CCS，則可去除大氣中的 CO_2。
 生物炭和土壤碳儲存（SCS） 生物質量藉由熱解，成為不可分解，接著添加到土壤中埋藏 CO_2。	 強化風化 將自然吸收 CO_2 的礦物打碎後散佈在土地或海洋。因由於其表面積大幅增加而得以加速吸收 CO_2。
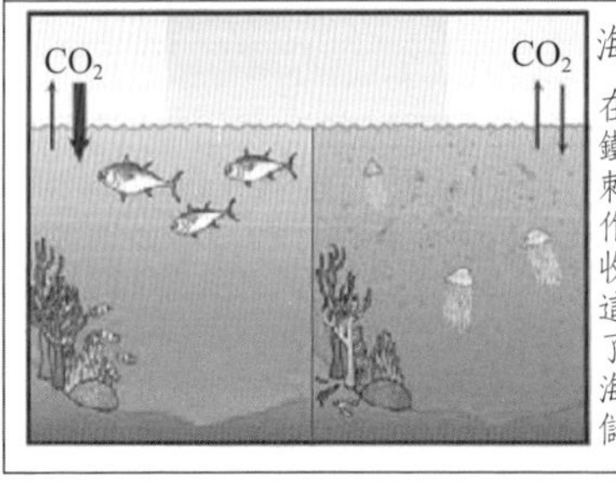 海洋施肥 在海裡添加鐵等養料，刺激光合作用，吸收 CO_2。當這些植物死了，沉到深海底，將 C 儲存其中。	 直接抽空氣 藉由抽風機和化學品，從大氣直接吸收 CO_2，接著儲存在地質庫。

圖 7-8　幾種碳捕集與儲存選項

圖 7-8 當中左下角的海洋施肥概念，類似如圖 7-9 所示，陸地上藻類生物能和附加產物搭配碳捕集與儲存。

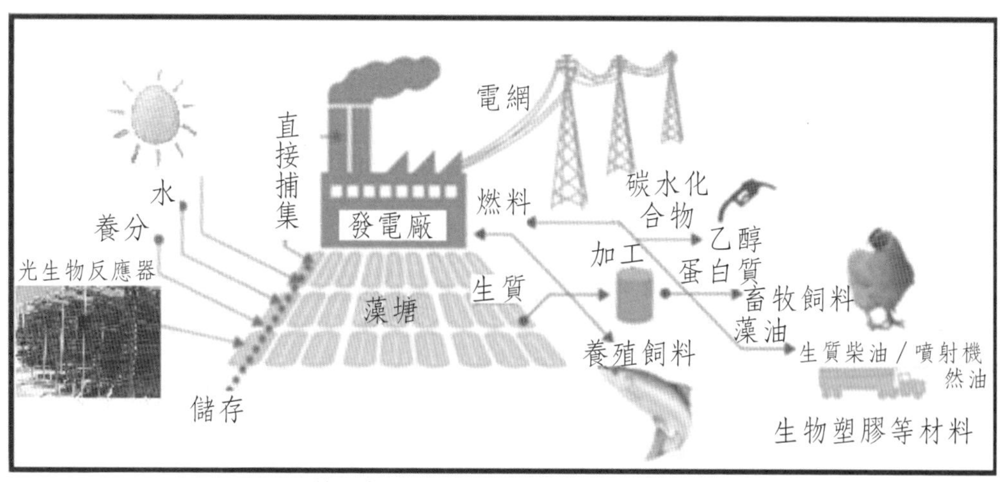

圖 7-9 藻類生物能和附加產物搭配碳捕集與儲存

如圖 7-10 所示生物炭（biochar）是一種作爲農業土壤改良劑的木炭，也可用作碳收集與儲存。其以木材、草等生物質量，藉由熱裂解生產。由於製程幾乎無氧，所以不像一般燃燒過程，會釋出二氧化碳。

圖 7-10 生物炭

五、纖維質生物燃料

生產自非糧食來源纖維素的乙醇產物，稱爲纖維乙醇（cellulosic ethanol），其生產過程如圖 7-11 所示。其他也可產自纖維素的生物燃料，包括再生汽油、柴油及噴射機燃料。

使用纖維質生物燃料，可以有以下好處：

- 纖維質燃料可提供本土能源：纖維質生物質量可在幾乎所有土地上生產；
- 纖維質燃料對環境較有利：可採用對環境更友善的技術生產；以及
- 經過整合的生物燃料生產有助於經濟發展：生產設施可同時生產燃料、電力，以及具附加價值的化學品等產品。

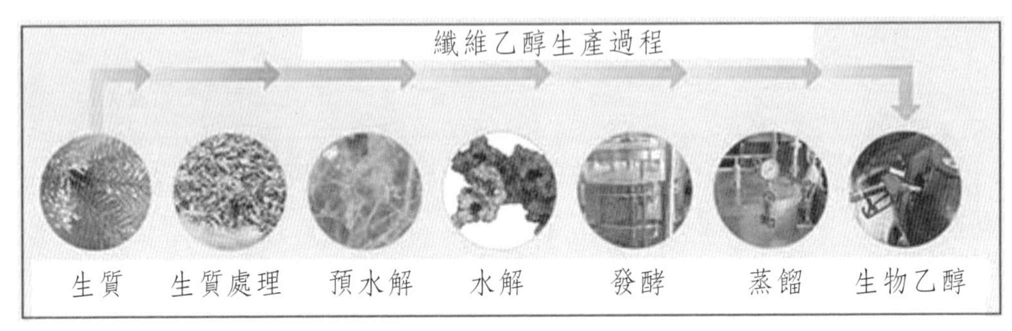

圖 7-11 纖維乙醇的生產過程

儘管纖維生物燃料，比起化石燃料對環境要友善得多，但社會上仍不免存在，例如種植能源作物需大量使用森林等自然土地等疑慮。

而充分利用例如圖 7-12 所示玉米田收成後殘渣實際上有助農作，以及

圖 7-12 玉米田收成後殘渣

進行疏伐（thinning）等以收穫森林殘料（如圖 7-13 所示），有助於林地的防火與健康。而且能源作物也可生長在不適合農作的邊際土地。如今進行生產生物燃料，皆以永續（sustainability）爲前提，亦即其持續生產，必須是對社會或大自然不構成傷害的。

圖 7-13　人工林疏伐產生的殘料

六、以氫為基礎的生物燃料

以氫爲基礎的生物燃料，涉及更深層基礎設施的改變，亦即根據氫、氨和甲醇等氣體與液體燃料的全球規模生產與配送，過渡到一套新的價值鏈（value chain）。同樣的，和生產、輸送及使用有關的投入和環境負荷，亦必須根據將生質氣化成生物氫（bio-hydrogen, BH_2）、生物氨（bio-ammonia, BNH_3）及生物甲醇（bio-methanol, BMEOH）的質量與能源平衡的彙整。

圖 7-14 所示，爲從當今大部分仰賴液化天然氣（liquefied natural gas, LNG）等化石能源，接著藉著使用各種生物能源，過渡到使用透過再生電力生產出的氫基礎電子燃料，進而達成淨零排放目標的整體過程。

圖 7-14 從大部分仰賴化石能源到藉生物能源過渡到氫基礎電子燃料的過程

第八章

世界生物能發展實例

一、歐盟
二、瑞典
三、丹麥
四、德國
五、美國
六、中國
七、巴西
八、尼泊爾
九、坦桑尼亞
十、葡萄牙
十一、荷蘭
十二、西班牙
十三、阿爾巴尼亞
十四、俄羅斯
十五、印度

本章在於認識世界不同地方生物能發展的情形，以了解如何因應不同階段的社會背景，採用適當技術做彈性調整，讓生物能發展成功。

一、歐盟

圖 8-1 所示，爲歐洲各種來源所組成的生質能。森林爲歐洲固體生質能的主要來源，包括伐木殘料、木材加工殘料、材火等。取暖與發電用的木粒，爲主要來源。

十年前歐洲近三成電力源自於燃煤。近年來，其源自生物質量的發電量穩定成長，到了 2021 年，歐盟的生質發電量達到 173.4 兆瓦小時（TWh）。此爲僅次於風力發電和水力發電，第三大再生能源電力，主要國家包括奧地利、德國、英國、丹麥、芬蘭和瑞典，大多以木粒進行共燃。

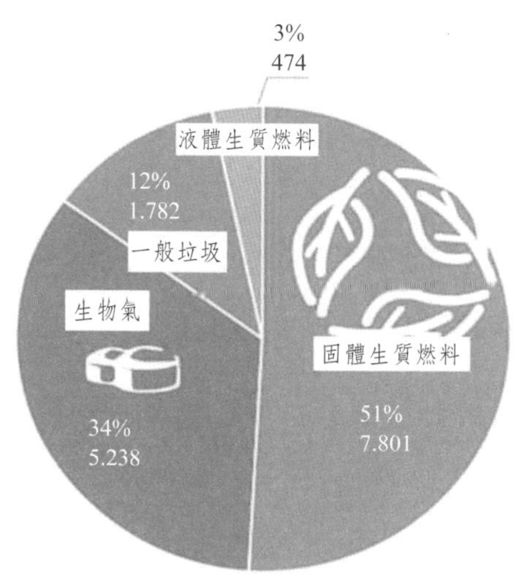

圖 8-1　歐洲生質能來源組成

二、瑞典

瑞典的生物能早在 1970 年到 2004 年之間，便從占總耗能 9%，穩定成長到 25%。其取暖這部分，逾 60% 以生物燃料滿足需求。在瑞典，生物發電、木粒及液態生物燃料成長最快。

瑞典藉由龐大且健全的森林部門提供生物燃料，潛力無窮。其用於運輸部門的乙醇，每年更以倍數成長。由斯德哥爾摩市與 Fortum 共有的生質火力 CHP 廠（如圖 8-2 所示）於 2016 年啓用時，利用森林殘料與廢木料，提供 20 萬住戶所需暖氣。

圖 8-2 瑞典由斯德哥爾摩市與 Fortum 共有的生質火力 CHP 廠

三、丹麥

丹麥在 Skive 設置的氣化廠（如圖 8-3 所示），採取的是氣泡流體化床（bubbling fluidized bed, BFB）技術。該廠取用源自木質廢料，產氣用於往復引擎，應用於 CHP，以滿足當地約七成供暖所需，同時每年發電 40 GWh。

該廠使用木粒（占不超過 10%）與木屑（含水率低於 30%）。其氣化器以最大壓力 2 巴、最高溫度 850℃ 運轉。所產生的氣體當中，包含大約 22% 一氧化碳、20% 氫及 5% 甲烷等主要燃燒成分，熱值約 5 MJ/kg。

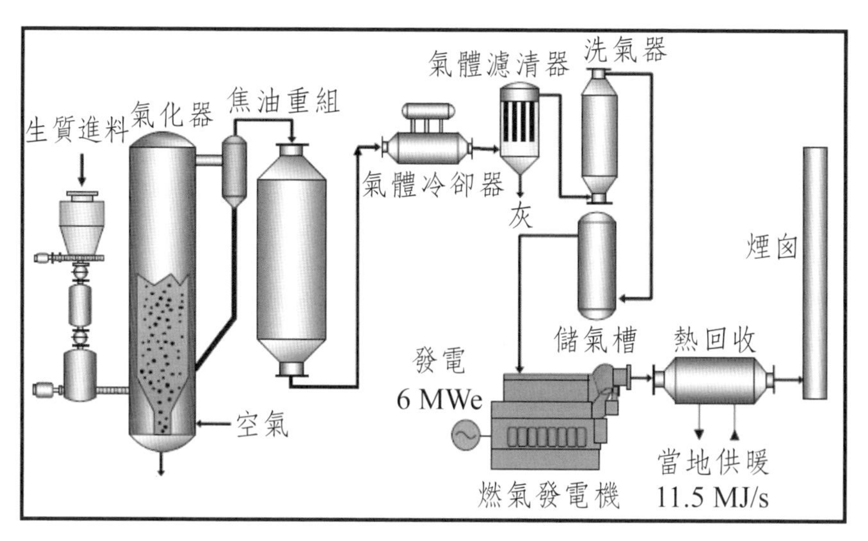

圖 8-3　丹麥的 Skive 生質氣化廠

四、德國

德國農村廣設生物氣廠，可同時消化牲口排泄物和作物秸稈。其背後的推動主力，在於農民由此生物氣體所發出的電可饋入電網，從中獲得補貼。加工過程產生的餘熱，還可用以促使該廠達最大能源效率。

德國 2015 年便有約 2 萬座生物氣廠，容量達 4,000MW；2020 年增加到約 4.2 萬座，容量達 8,500MW，供應近 76TWh 電力，占總發電量 17%。

五、美國

美國源自生物質量的發電量，在 2004 年僅占總發電量 0.9%，預計到 2030 年增加到 1.7%。新增生物電力當中，38% 源自與生質共燃，36% 源自生質專屬電廠，26% 源自新的電熱複合容量。

如圖 8-5 所示的生物質量與煤共燃（biomass-coal cofiring）系統，普遍被歐美許多燃煤電廠採用，最主要的動機，在於降低燃煤排放對環境的衝擊。尤其共燃所產生的飛灰（fly ash）可大幅減少。

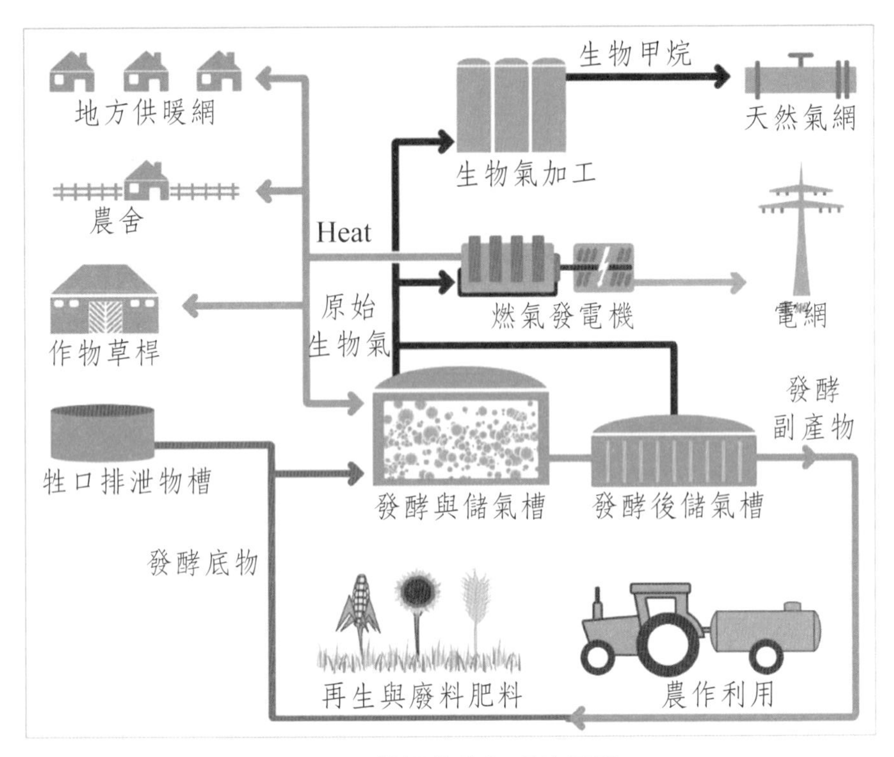

圖 8-4　德國生物氣系統示意

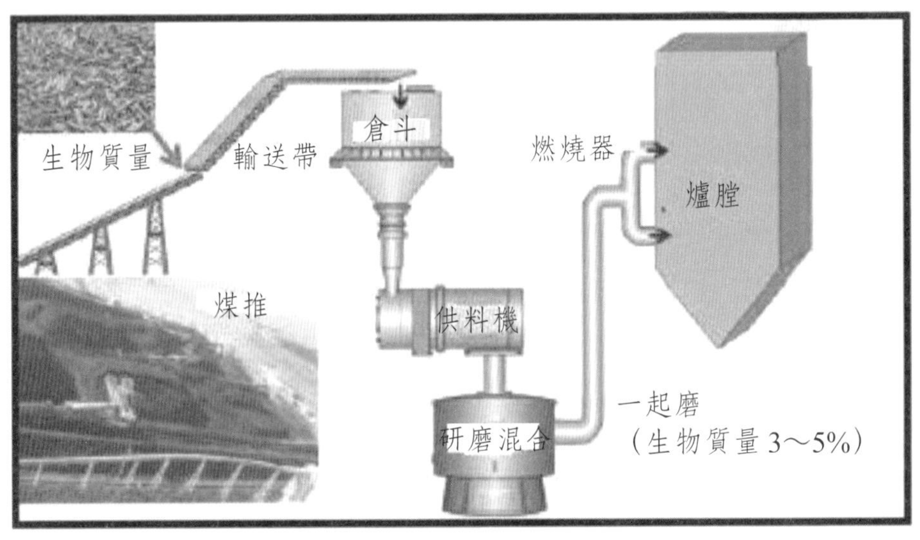

圖 8-5　生質與煤在燃料處理系統當中磨合再供給鍋爐

常用的生質與煤共燃技術有以下三種：

1. 先將生質與煤在燃料處理系統當中混合，接著供給鍋爐，如圖 8-6 所示。
2. 將生質與煤分別經由轉屬燃燒器進入鍋爐，如圖 8-6 所示。
3. 先將生質氣化，接著直接在鍋爐內燃燒此氣體，或是採取整合氣化混合循環（integrated gasification combined cycle, IGCC）系統。

美國大多數生質電力，都用作既有電網的基礎負載。這類生質電力公司超過 200 家，藉著混入價格低廉的生物質量作為燃料，除了有助公司的市場競爭力，並可賺取排放績效點數（emissions credits）。

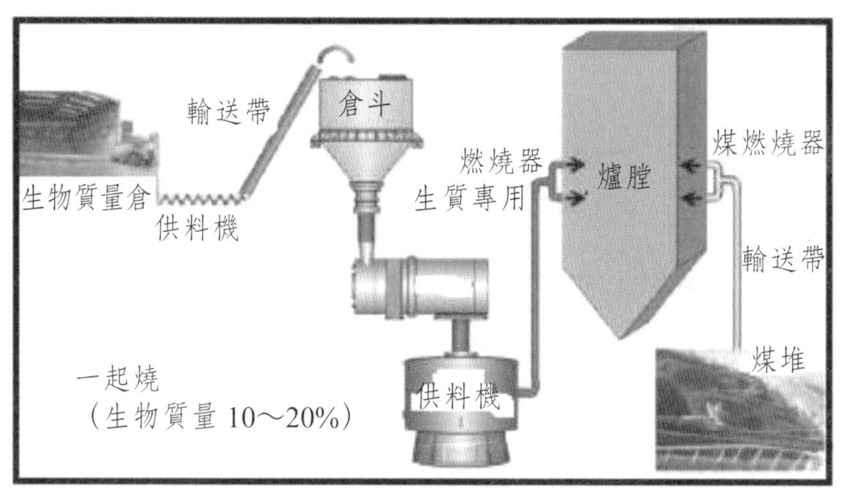

圖 8-6　生質與煤分別噴入鍋爐

六、中國

中國大陸的主要生物質量來源，為農業、森林、林木產品及工業所產生的殘餘物，以及城鎮廢棄物。農業廢棄物廣泛分布於全中國，光是作物秸稈就超過 6 億公噸，具 12,000 PJ / 年的潛力。此外，源自於農產品加工廢棄物和畜牧場的牲口糞便，每年可產生近 800 億立方米生物氣。圖 8-7 所示，為 2020 年分布在中國大陸的生質發電廠。

透過自然森林保護計畫（包括涵蓋大部分國內天然森林的禁伐與減伐），以及農業坡地轉型計畫（要求將許多國內斜坡農田轉植草、木），預期源自森林殘餘物和森林製品工業，應用於能源的數量將大幅提升。

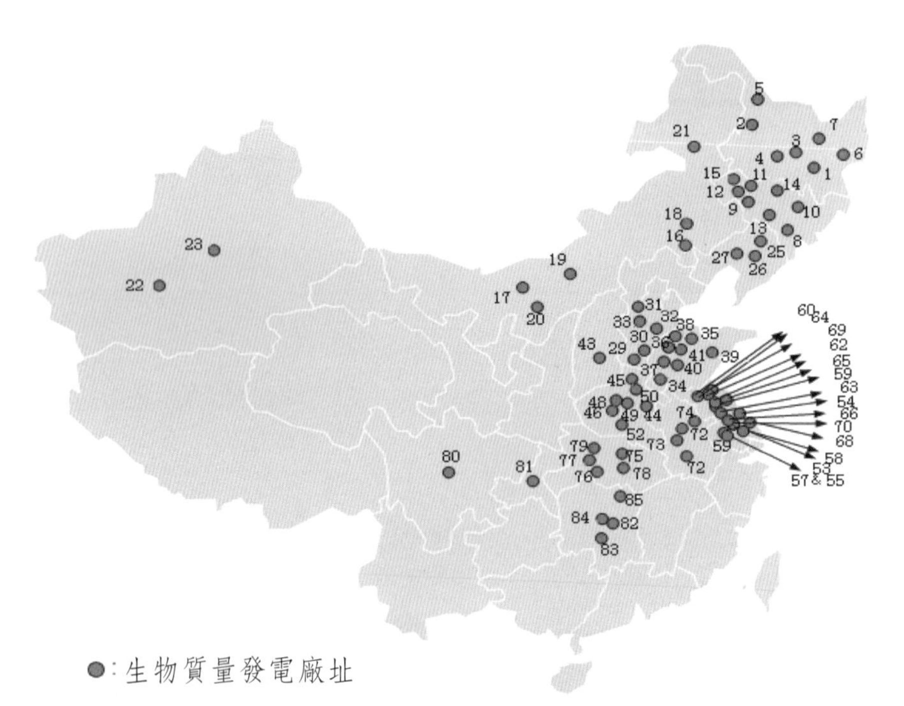

圖 8-7　中國大陸的生質發電廠

七、巴西

巴西的國家生物燃料政策（RenovaBio）計畫，在2019年底開始實施。巴西自2004年以來，隨著福斯（VW）、通用（GM）、飛雅特（Fiat）等歐美汽車大廠，稱爲「彈性」（Flex）的複合燃料車問世，酒精的市場占有率急速攀升。

八、尼泊爾

八成尼泊爾人原本仰賴柴火爲生。如今如圖 8-8 所示，許多家庭改用生物氣，而得以改善健康與生活品質，同時增加收入。尼泊爾在 1992 年建立的生物氣計畫（Biogas Support Programme）之後，已透過近 4,000 個尼泊爾鄉村發展委員會，逐步落實普及生物氣。

圖 8-8　尼泊爾婦女以瓦斯爐取代柴火烹煮

九、坦桑尼亞

坦桑尼亞的生物乙醇烹煮五年計畫，在於推廣使用乾淨的乙醇作爲烹煮燃料。該計畫預計在 2024 年，讓五十萬家庭都採用乙醇烹煮爐。其藉著政府補貼，讓此爐在價格上能夠和傳統爐競爭，同時配送燃料。此外，該計畫並爲配送業者提供生意和技術上的支援。

目前坦桑尼亞國內有 11 家大大小小的糖廠，一面產糖，同時每年總共還生產 3.65 億公升乙醇。

圖 8-9 坦桑尼亞的五十萬乙醇烹煮爐計畫

十、葡萄牙

木粒是葡萄牙的重要產業之一，除了自用，並大量輸往北歐與西歐發電廠，形同間接輸出能源。傳統木粒被稱爲白粒（white pellet）。隨著客戶對木粒品質的要求提升，含有較高能量的黑粒（black pellet）乃因運而生。圖 8-10 左、右所示，分別爲白粒與黑粒。

黑粒主要經過烘焙與碳化加工而成。除了所含能量較高，黑粒還具相當的耐候特性，而適合儲存在戶外。生產黑粒的烘焙技術結合了攪拌和流體化，可得到品質穩定且乾淨的產品，具有的特性包括：低含氯、高耐水性、低煙塵、低硫氧化物及氮氧化物等汙染排放、高熱質（19 至 22 GJ／公噸）、高鍋爐效能、運送容易及零廢棄物。

圖 8-10　白粒與黑粒生物燃料

十一、荷蘭

荷蘭在鹿特丹投資 20 億美元，建立世界最大（年產 2.7 百萬噸）再生柴油提煉廠（如圖 8-11）。該廠採用快速熱解生質油（fast pyrolysis bio-oil, FPBO），主要在取代其客戶原本用來供暖的天然氣。其主要進料爲源自當地的木質殘料（每年 3.6 萬噸乾質供料）。

圖 8-11　鹿特丹再生柴油提煉廠

十二、西班牙

西班牙擁有世界上最大，從微藻生產生物燃料的工廠（如圖 8-12 所示），位於 Chiclana。目前該廠所生產的生物燃料，源自於近萬人產生的汙水（每日 2,000 立方公尺），可滿足 40 輛汽車行駛所需。

和一般源自糖的生物乙醇和源自棕櫚油的生質柴油相較，西班牙生產生物燃料，不需用到農地或肥沃土壤、淡水及化學肥料。該技術得以將源自任何規模城鎮的汙水，轉換成符合永續的生物燃料。在此同時，原本靠傳統技術來處理汙水所需消耗的電能也可同時省下。

圖 8-12　西班牙 Chiclana 利用汙水微藻生產生物燃料廠

十三、阿爾巴尼亞

位於地中海的阿爾巴尼亞，極適合生產橄欖油。其利用生產橄欖油，在第一、二道橄欖果實冷榨後留下來的殘渣（圖 8-13），提煉出橄欖果渣油（pomace），進行發電（如圖 8-14 所示）。

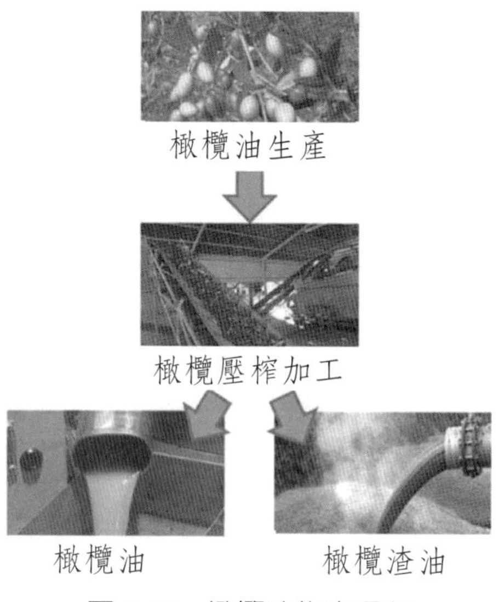

圖 8-13　橄欖油生產過程

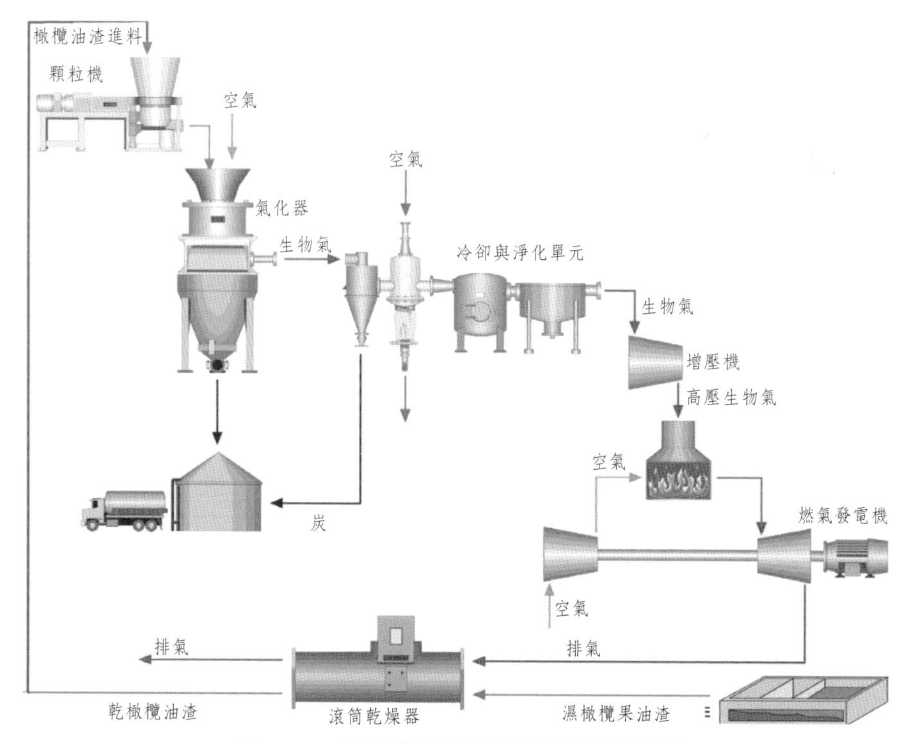

圖 8-14　從橄欖油製程得到的油渣發電

十四、俄羅斯

俄羅斯是巴西以外，另一個致力以酒精燃料彌補石油需求的國家。其於 2021 年總出口將近 200 萬公噸，占世界產量約 2.9%。圖 8-15 所示，爲俄羅斯甲醇出口對象國。

其甲醇爲尤加利樹（eucalyptus）木材和纖維的破壞性熱解（destructive pyrolysis）所產生。然而，相較於乙醇，甲醇燃料有像是能量密度、毒性和腐蝕性等顧慮，而難以同樣普及。

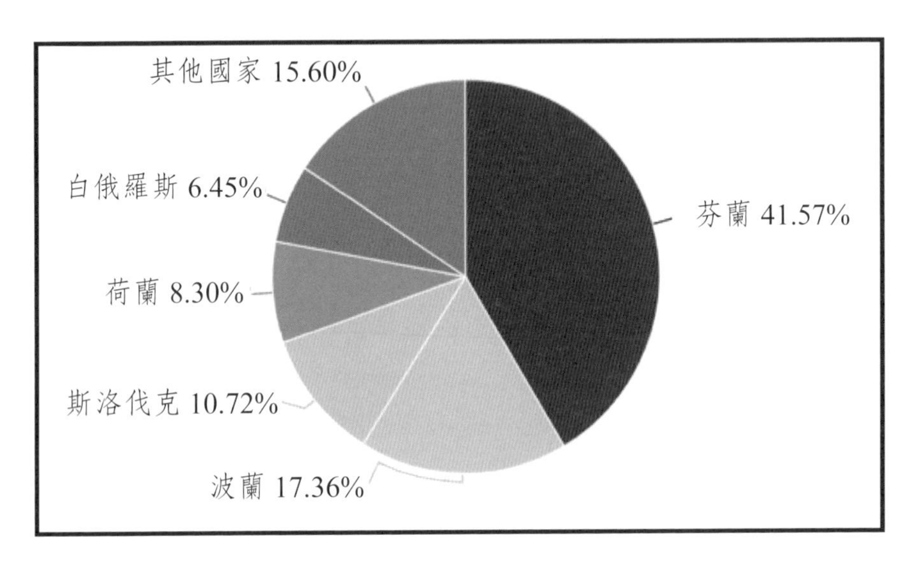

圖 8-15　俄羅斯甲醇出口對象

十五、印度

印度長期以來，農民燃燒稻草，爲主要空氣汙染來源。其生物燃料政策，有助改善空氣品質。目前印度是世界第三大從農業廢料生產乙醇的國家，僅次於巴西和美國。

印度國營石油公司，於 2020 年啓動其第一間，從農業廢料（如圖 8-16 所示）生產乙醇的工廠。該廠每天可生產 10 萬公升乙醇，相當於每年減少

30 萬公噸碳排。其在過去 8 年內，將混入汽油的乙醇百分比從 1.4 提升到 10.2，並預計在 2025 與 2026 年間，進一步提升到 20%。

圖 8-16　印度的農業廢料

第九章

生物能源面臨的挑戰

一、對生態與土地的衝擊
二、健康隱憂
三、糧食漲價教訓
四、氣候變遷
五、能源效率
六、對環境的影響
七、整合生質到農林當中
八、認識農林系統
九、為何要整合生質作物到農林系統當中？

生物能源也有其短處，和發展過程中必須面對的挑戰。其中永續性（sustainability）議題，是要特別強調的。

一、對生態與土地的衝擊

所有作物都會消耗土壤的營養與有機質。爲維持永續土地系統，這些都需要透過某種途徑不斷補充。世界上大多數糧食生產，靠的都是以密集耕作方式生產連續作物（continuous crops），而並非永續農業（sustainable agriculture）所需要的輪作與休耕（rotation and fallow）。

如此大量生產生物燃料，不但會耗損天然資源並劣化土壤，同時還會進一步導致水土侵蝕（soil and water erosion）和沙漠化（desertification），而使整個系統無以爲繼。圖 9-1 所示爲永續農業在各方面需要的管理。

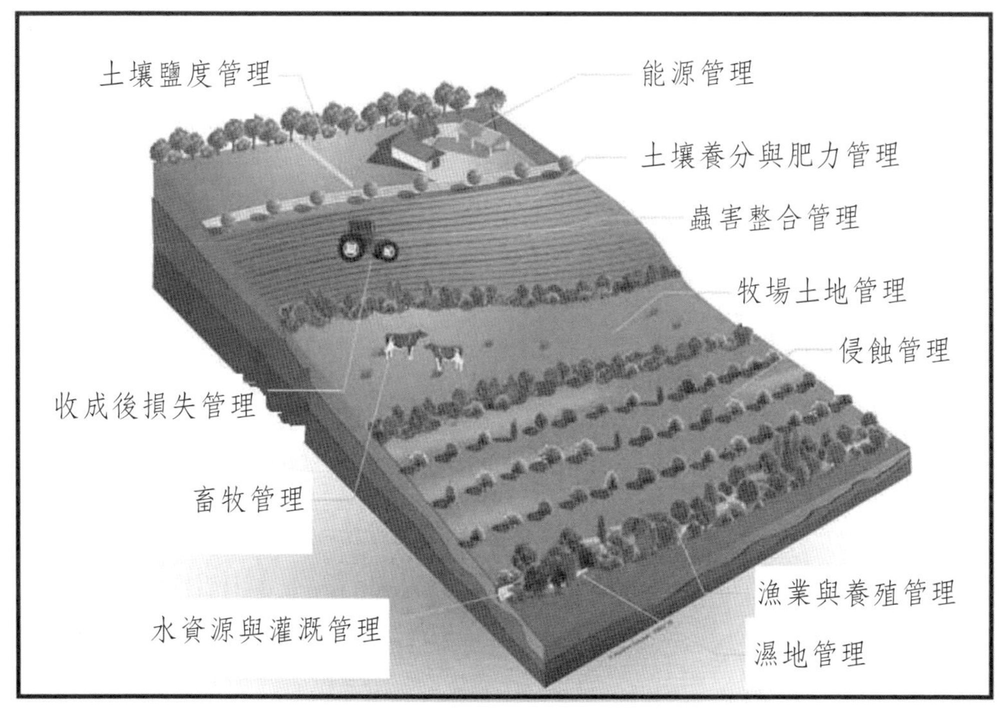

圖 9-1　永續農業各方面的管理

例如許多人擔心，一些像是印尼的原始森林，便可能在生質油股切需求的驅使下，被開闢來種植根區（root zone）很淺的棕櫚樹，以獲取棕櫚油（palm oil）。

然而，從另一角度來看，在開發中國家，貧窮正是摧毀其環境的幕後元凶。假若開發中國家的農民，得以有機會將生物燃料賣到國際市場上，則收入可望大幅提升，其原本對環境所構成的壓力，也就得以舒緩。所以在此情形下，生物燃料的確可在降低貧窮對環境所造成的衝擊上，提供良機。

總之，我們使用生質能，必須避免資源枯竭，預防生物多樣性嚴重降低，並且還要確保不致於需要犧牲貧窮國家的食物需求，來滿足富有國家的能源需求，進而實現如圖 9-2 所示的永續農業型態。

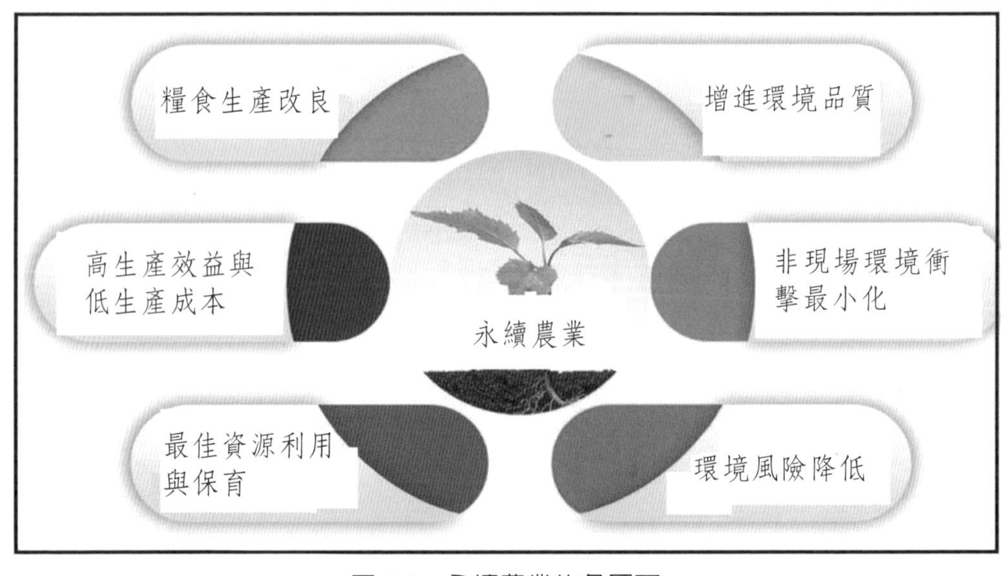

圖 9-2　永續農業的各層面

二、健康隱憂

儘管利用生物燃料有諸多效益，令人擔心的是，長期以來在開發中國家，普遍都在屋裡使用生物燃料烹煮（如圖 9-3 所示）。由於沒有足夠的通風，所用的燃料像是牲口糞便，燒了便形成室內、室外的空氣汙染，造成嚴重的健康危害。

圖 9-3　室內燒柴烹煮實景

IEA 所提出的解決方案，包括如圖 9-4 所示爐子（像是內置排煙道等）的改進，以及使用替代燃料。只不過實現這些大多有些困難。例如替代燃料往往都很貴，而會直接燒生物燃料的人，往往正是因為它們用不起替代燃料。其他面臨的挑戰主要在於：糧食價格之提升、生質燃料的能源效率及生態上的衝擊。

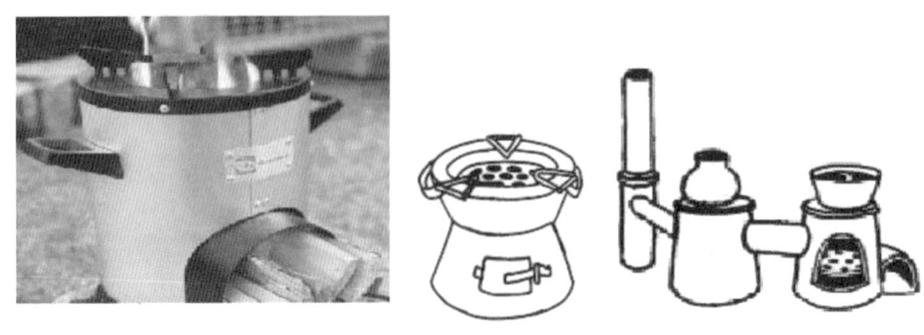

圖 9-4　各種改良後的烹煮爐

三、糧食漲價教訓

生物燃料若處理不當，可導致糧食與飼料價格高漲，損及人民。2007 年初，墨西哥發生和糧食有關的暴動事件，起因於美國中西部生產一大部分出口的玉米，很多都改用在生產乙醇，導致製作墨西哥主食黍餅（tortillas）等所用玉米價格上漲。圖 9-5 所示爲該期間世界原油與糧食價格歷史。

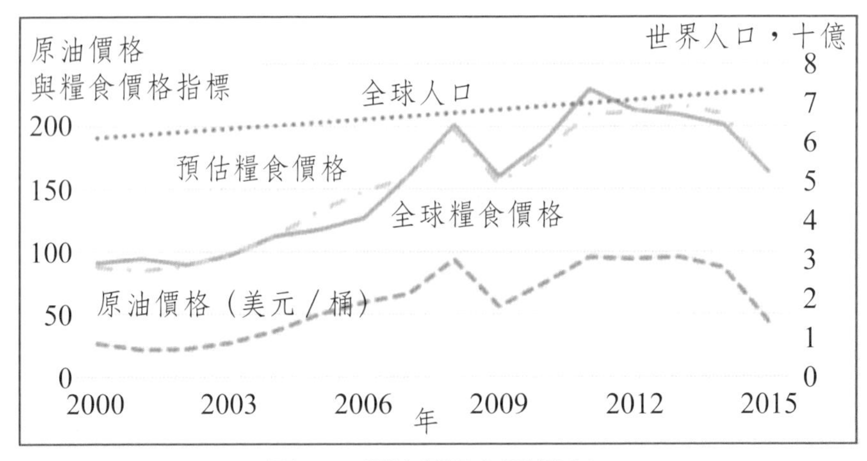

圖 9-5　原油與糧食價格歷史

此外，基於生物燃料的需求，有些原本農業規模相當小的國家農民，因利之所趨而從原本生產糧食，轉而改生產生物燃料的基礎材質。因此未來需要更多研究著眼於，盡可能以原本歸於廢棄的農業產物加工成燃料，使不致損及糧食供給。

四、氣候變遷

如圖 9-6 所示，生物能源有可能減輕，也可能增加溫室氣體排放。而其對當地環境的衝擊，也可能構成問題。生物能源在氣候變遷上的影響，主要取決於生物質量供料的來源和其如何長成。

例如燒木柴以擷取能量會釋出二氧化碳。而這些排放仍可望被管理妥適的森林，在收成後緊接著新種的樹在成長過程中，從空氣中吸收的二氧化碳，大幅抵銷掉。

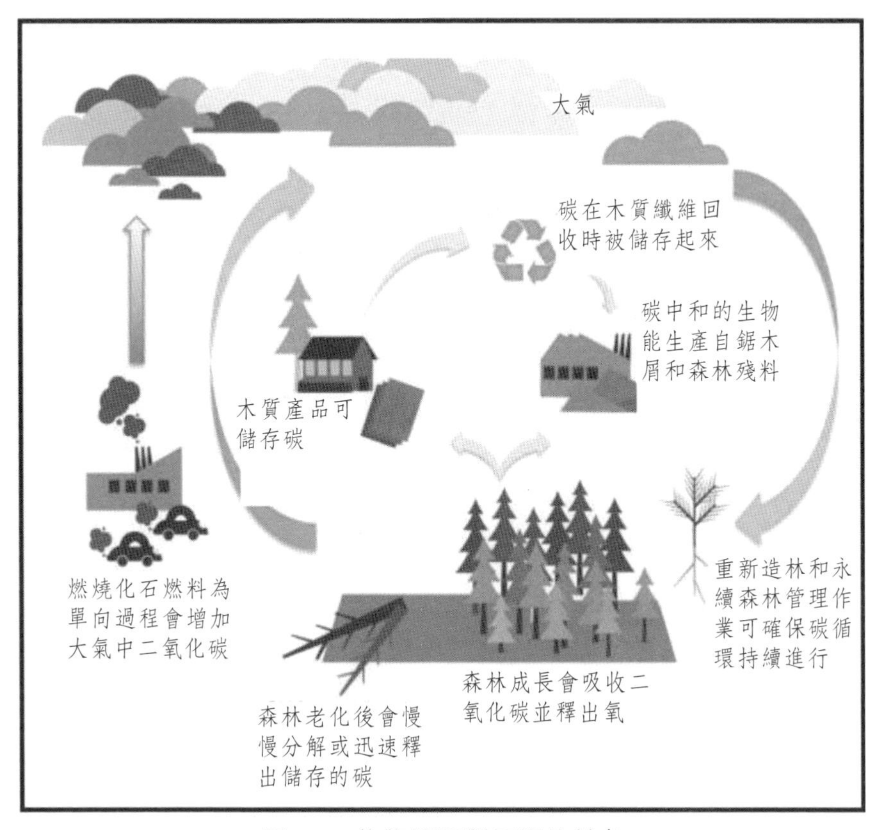

圖 9-6　生物能源對氣候的益處

然而，建立和栽種能源作物，終究會有取代自然生態系統、劣化土壤並消耗水資源和化學肥料等隱憂。而且生物能源進料需要用到大量能源，以進行收穫、乾燥及運送，過程中仍可能排放溫室氣體。

五、能源效率

從原始材質生產生物燃料，畢竟需要消耗能源，來耕作、運輸及加工成爲最終產物，其耗量因地而異。然而如圖 9-7 所示，在有些森林地區，原本就必須定期對森林當中的枯枝和矮小植物進行疏伐（thinning），以降低發生森林火災的風險。

圖 9-7　進行中的森林疏伐

圖 9-8 比較森林進行疏伐前後。因此，就算生質能源產業不存在，仍然會不斷的有可觀數量的生物質量產生。在此情形下，所需要的淨能源成本，也就只剩下將生物質量從樹林和田野間，運到加工設施處的運輸耗能了。

同時，針對這些燃料的能源平衡（energy balance）的一些研究顯示，生物質量從進料到使用，會因位址的不同而有很大的差異。例如，使用玉米或菜籽油等溫帶作物，生物燃料的能源效率相當低。相反的，從生長在副熱帶和熱帶的作物，例如甘蔗、高粱、棕櫚油、樹薯，所生產的生物燃料，其能源效率就高得多。畢竟，生物能亦屬「太陽能」！

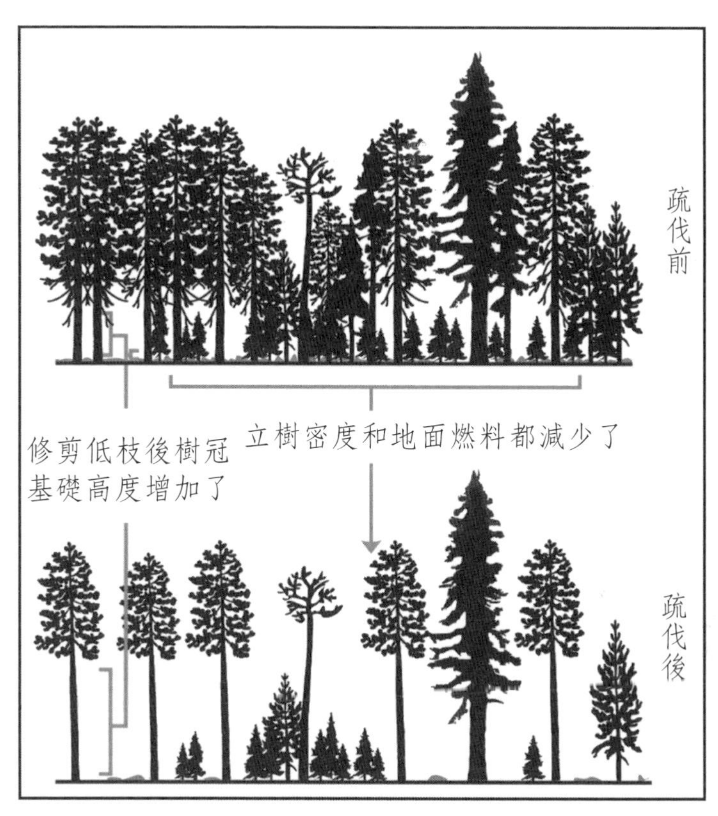

圖 9-8　森林進行疏伐前後比較

六、對環境的影響

對運輸需求，圖 9-9 所示爲世界生物質量的輸送情形。圖 9-10 所示，則爲木粒裝載到船上進行運送的情形。生物質量需要進行長程運送，因此有時會被批評既浪費且不永續。例如在瑞典和加拿大，便曾有過針對其生物質量出口的抗爭。

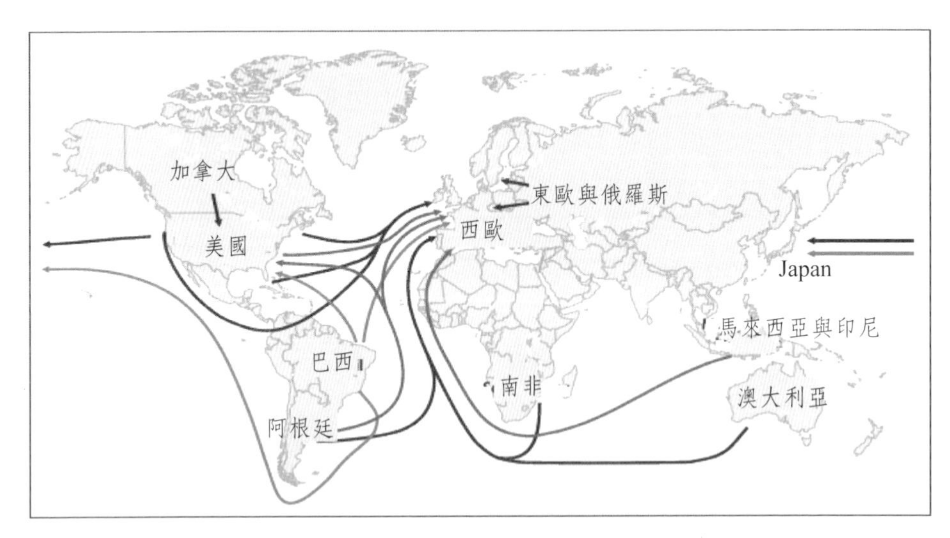

圖 9-9 世界生物質量的輸送

圖 9-10 木粒裝載到船上的情形

七、整合生質到農林當中

欲達淨零溫室氣體排放目標，種樹是重要關鍵。而首先在策略上該做的，便是加速提升樹木覆蓋率。

而將柳樹、楊樹等能源作物整合到農林系統當中，具有亟待開發的潛能。如圖 9-11 所示，將生質作物整合到農林系統當中，可為環境帶來廣泛效益，包括增加蟲鳥等傳粉媒介數量、逕流與土壤侵蝕降至最低、降低洪災風險、改善土質、碳埋藏、提升生物多樣性及改進水質。

圖 9-11　將生質作物整合到農林系統當中，可為環境帶來廣泛效益

八、認識農林系統

農林一體，指的是將樹與灌木，和農作與畜牧系統結合在一起，以帶來生態與經濟之間交互作用的一種土地管理。農林與生質整合系統當中樹的部分，可以源自廣泛的樹與灌木物種，整合到既有地景當中。

圖 9-12 所示為地景植樹的五種基本分布。而建立一套農林系統，需要詳細規劃和布局。樹的種類、農業組成、其空間與時間的安排、對陽光、養分及水的競爭等決定因子，皆需充分納入考慮。

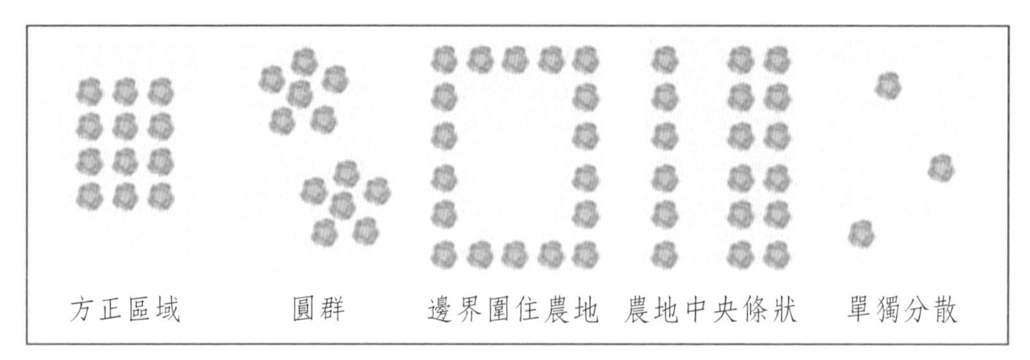

圖 9-12　植樹的五種基本分布

九、為何要整合生質作物到農林系統當中？

1. 碳埋藏和舒緩氣候變遷

整合樹或灌木到農地當中，具有將碳從大氣中捕集並儲存到土裡的機制。落下的枝與葉，可增加土壤有機質，促進長期碳儲存。

2. 豐富生物多樣性

將生質作物整合到農林系統當中，可開創廣泛棲息地與資源，以吸引各種野生生物。如此結合各種因子，可幫助各種動、植物存活與繁衍。

3. 增進水與空氣的品質

結合農林系統與生質作物有助於水流規律、降低地表逕流（runoff）與洪水風險以及水汙染。生質農林系統，例如圖 9-13 所示河岸緩衝帶（riparian buffers）即可用來防治源自農田的農藥、化肥等非點源汙染（non-point source pollution）。

圖 9-13　河岸緩衝帶

圖 9-14 所示，為在農作物和溪河之間，建立的三段生質作物。這些緩衝帶可藉著降低逕流流速，幫助淨化逕流水，也因此增進滲透水、懸浮物沉澱、及保住肥力。此外，其也可藉著吸收過剩養分，減少進到地下蓄水層（aquifer）當中的養分。

沿著可耕地種植生質作物，可降低土壤沉積、養分與農藥流失，同時可增進土壤健康和農地生物多樣性。以柳樹等生質作物作為河岸緩衝，便可減輕這類源自農作的非點源汙染。此外，生質作物也可隨其高度及在地景中的位置，作為防風林，有助於降低風速，限制空氣中懸浮微粒等汙染。

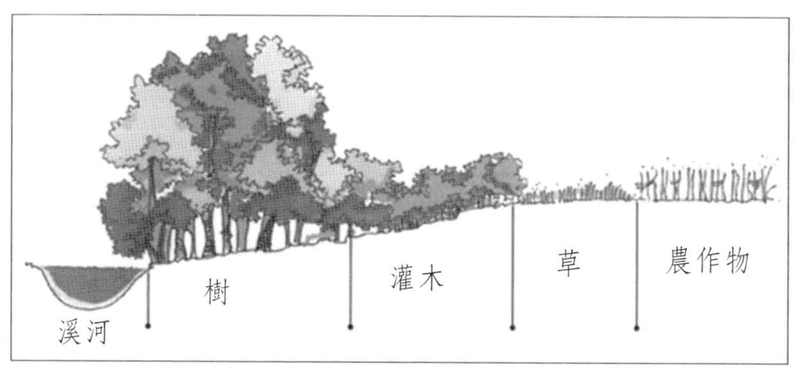

圖 9-14　在農作物和溪河之間的三段生質作物

4. 減輕土壤侵蝕和增進土壤健康

圖 9-15 所示爲農田土壤受侵蝕的情形。整合生質作物到農林系統當中，對於土壤健康和侵蝕控制，具有顯著效益。生質作物可藉由根部系統擴張，幫助土壤聚合，以防其在強風、暴雨下流失。

生質作物根部系統，藉由增進濾水、降低水珠衝擊、攔截雨雪，以及藉由根與掉落枝葉的物理、化學、生物作用，保持土的穩定。這些作用，同時也爲土地表面與深層，提供了大量的有機質，釋放並循環養分。例如楊樹等生質作物，便具有固定氮，增進土壤硝酸鹽和氨等肥力的功能。

圖 9-15　農田土壤受侵蝕的情形

第十章

生物能與永續

一、生物能源對低碳情境的重要

整體而言，全球正藉由生物能進行脫碳，以追求永續。全球的先進生物燃料產量，在 2023 年一年內即達 11 百萬噸油當量（Mtoe）。可預期在 2026 年之前，先進生物質量產量會持續顯著成長，使永續生物燃料的年產量達 23 Mtoe。

圖 10-1 綜觀第一代到第四代的各種生物燃料及其來源。在以下情況下，生物能源可爲舒緩氣候變遷做出貢獻：

- 生物質量的種植，或是以廢料爲基礎，皆符合永續；
- 能有效率的轉化成爲各種能源產品；以及
- 用以取代具高強度溫室氣體排放的燃料。

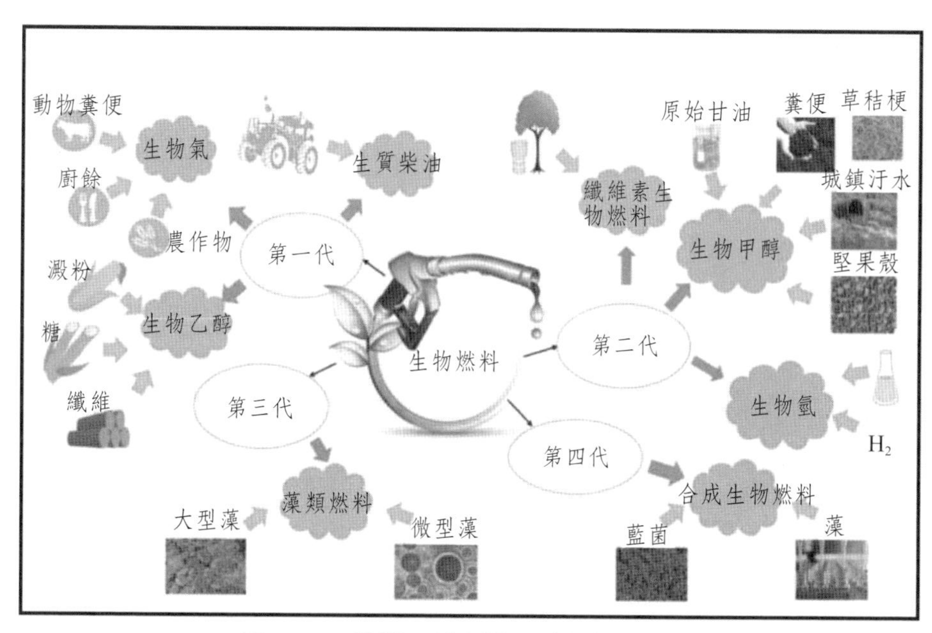

圖 10-1　從第一代到第四代的生物燃料

圖 10-2 所示，爲到 2030 年的生物能源三階段發展路徑圖。到 2060 年之前，在兩度 C 情境（two degree scenario, 2DS）當中，生物能將提供大約 17% 的累積減碳，並在超越兩度情境（beyond two degree scenario, B2DS）當中，額外提供大約 22% 的累積減碳。

第一階段 - 五年發展

- 利用既有森林材料與都市廢棄物
- 持續研究與初步現場開發出多年生草本植物與短斯輪作木質生物質量作為生物能源專用進料
- 開發生質產品規格
- 開始引進輸送與物流系統
- 建立以生質取代暖氣用油市場
- 永續性之最佳管理實務
- 政策架構之簡化與合理化

第二階段 - 五年初步擴充

- 運送與物流系統及轉化系統趨於成熟
  進料系統專用邊際土地在生質進料中扮演較大角色
- 先進生物燃料提煉與CHP進入市場
- 針對土壤與水質的最佳管理實務進行監測與調整
- 副產品與營養回收的整合利用

第三階段 - 十年加速擴充

- 生質的輸送、物流與轉化效率最大化
- 在農業／能源供應鏈當中的附產品與回收營養全面部署
- 高產量藻類系統可望進入成為重大供應來源
- 持續研究進入生態系統服務（GHG抵削、水質、土質等），以確保生物能源系統的長期永續性

圖 10-2　到 2030 年的生物能源三階段發展路徑圖

低碳情境下生物能源所帶來的影響，包括對：電、交通、熱以及整體方面。而歸納生物能源之所以符合永續目標的理由，主要在於生物能源：

- 目前既有；
- 多重用途，包括各類型運輸和機器的運轉；
- 容易和既有基礎設施整合在一起；
- 容易儲存，可支援斷續再生能源的擴充；以及
- 若與碳捕集與儲存（Carbon Capture & Storage, CCS）聯結（如圖 10-3 所示），則可帶來負碳排，此即 BECCS 或 Bio-CCS。

二、永續性與生物能源

隨著生物能源成爲更多國家能源政策當中的目標，生質來源的需求亦將持續成長。而由於此可能對人、發展、自然體系及氣候變遷，同時帶來風險與利益，如圖 10-4 所示，兼顧環境、經濟及社會的永續性（sustainability），也將成爲大規模生物能源的首要議題。

從大氣吸收 CO_2
CO_2
生物質量
生質燃燒
發電／供暖
CO_2
碳捕集、輸送、儲存／使用

圖 10-3　生物能使用與 CCS 聯結

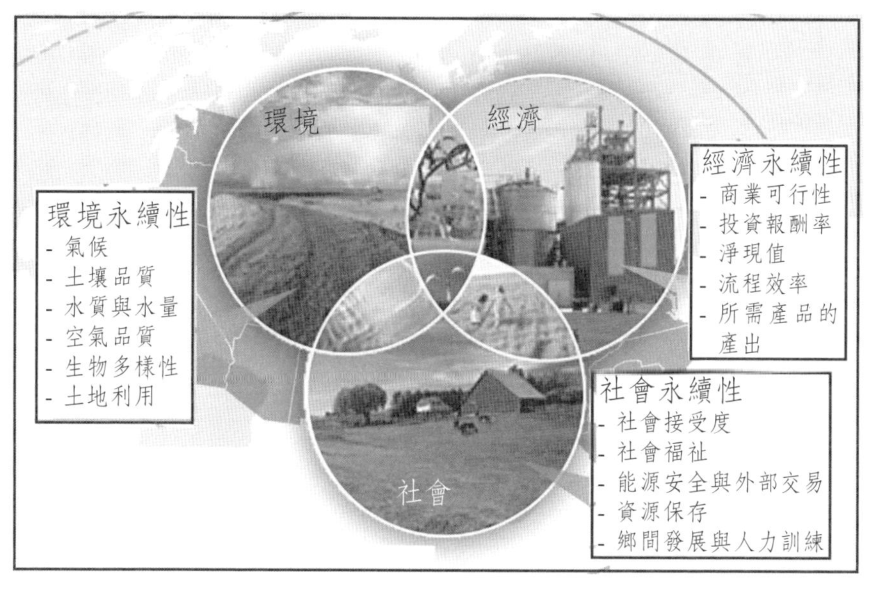

圖 10-4　生物能源兼顧環境、經濟及社會的永續性

生物能和永續發展目標（sustainable development goals, SDGs）在本質上，更甚於其他再生能源技術。在許多國家的策略當中，提供低碳能源以符合氣候變遷目標，源自於永續資源的先進生物能源，已取得核心地位。生物能的高度彈性，加上能夠整合到廣泛能源體系當中，使其成為各國在所有發展階段，深具吸引力的能源選項。

三、生物能永續性評估架構

圖 10-5 所示，爲聯合國糧農組織（Food and Agriculture Organization, FAO）針對生物能源與糧食安全（bioenergy and food security, BEFS）的永續生物能源體系評估架構。

過去談到生物能與永續性有關的爭議，主要在於生產第一代生物燃料，所導致的社會衝突與環境衝擊，以及種植能源作物，所帶來的森林砍伐與土地改變。而用以增進永續性的相關規範也跟著修訂。例如歐盟在其再生能源指導方針（Renewable Energy Directive）當中便指出，生物能源的主要永續性風險包括：

- 生物能供應鏈的 CO_2 排放，
- 對生物多樣性、土壤及空氣品質的影響，
- 設置的效率，及
- 行政成本負擔。

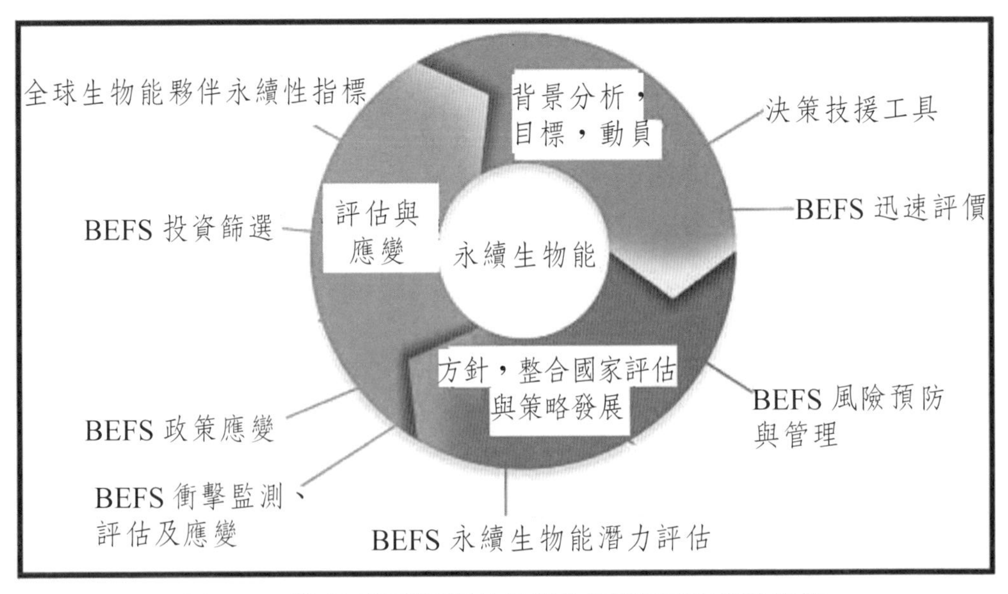

圖 10-5 聯合國糧農組織的永續生物能源體系評估架構

BEFS 措施，爲 FAO 所建立，用以協助各國設計並落實永續生物能源政策與策略。該措施在於提升糧食與能源安全，並對農業與鄉村發展做出貢獻。表 10-1 摘要列出，生物經濟永續性指標模型（Bioeconomy Sustainability Indicator Model, BSIM）所涵蓋的類別、主題及指標。

表 10-1　生物能永續性指標評估架構

永續性		
類別	主題	指標
人	健康	健康與福祉
		糧食體系
		土地經營
	生計	穩定的工作
		工作與技能
		收入改變
	社會	公平
		和平、正義及健全制度
		夥伴關係
		使用能源
發展	經濟	經濟表現
		經濟刺激
	基礎設施	基礎設施需求
	供料	生產過程
		調動
		分配
	技術	創新
		效率
		技術經濟

永續性		
類別	主題	指標
	能源部門	生物能
		能源系統表現
	生物經濟	附加價值產品
		生物能落實擴大部門
	土地利用	土地特性
自然體系	土地	土壤
		生態系
	空氣	PM 汙染物
		氧化物汙染物
		重金屬
	水	用水與效率
		水質
		水系統
氣候變遷	治理	氣候行動
		標準
	碳與排放	整體生命週期排放
		土地與儲碳量
	能源體系	取代的能源

四、生物能計畫的成功因素

儘管生物質量已廣泛使用超過 30 年，要有效率且永續的使用它，仍具挑戰。要成功便需考慮以下關鍵因子：

- 原料的可獲取性、品質及價格，
- 轉換技術、組織與方法，以及
- 永續性，包括再造林、脫碳及土地利用改變。

由於生物質量的碳中和性，其爲循環經濟和環境，提供了絕佳機會（如圖 10-6 所示）。最重要的，其爲不同群體，像是森林業者、農民、木材與食品加工業和社群，提供了額外收入。

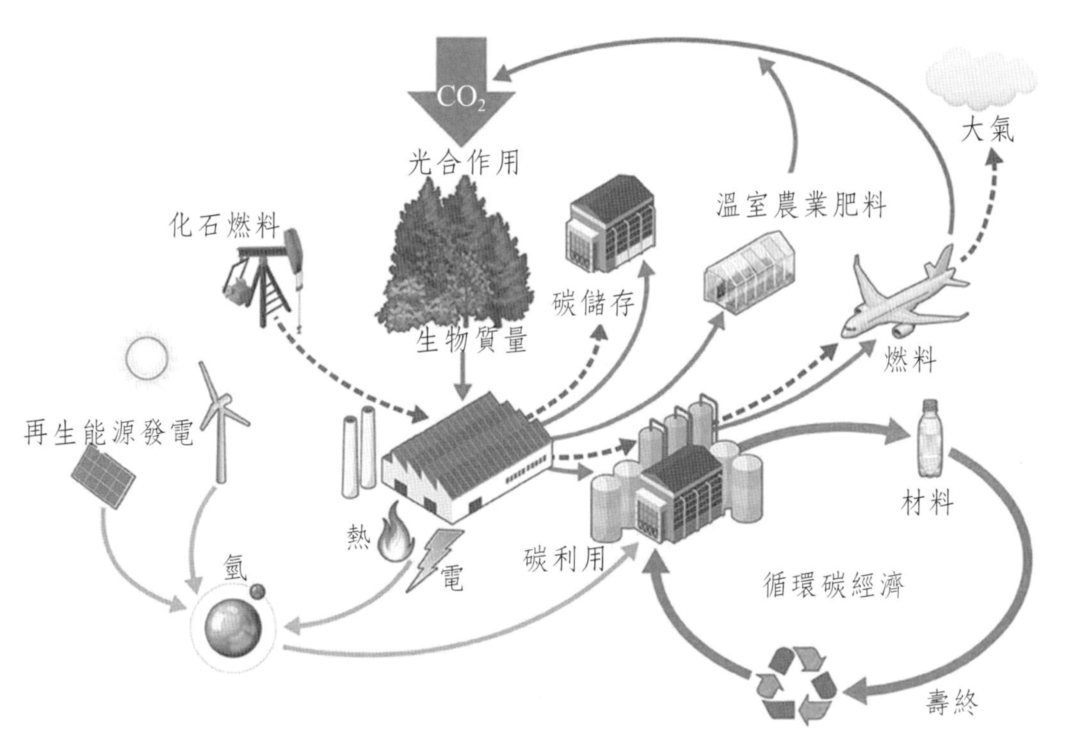

圖 10-6　循環經濟當中的生物能源使用

生物能計畫以先進、有效率且低排放的設備，使用當地生物質量，除了創造就業機會，並可透過小公司，爲地方提升價值。在許多開發中國家已顯現出，單純只藉著引進先進的生質家用品，即可導致貧窮減少和性平提升等效果。

要維持生物能源轉型的動力，一些諸如再生能源目標、課稅減免及饋入補貼等機制與工具，皆屬必要。更重要的是必須透過資訊宣傳，提高社會對生物燃料的接受度。

這些宣導應著眼於改用替代燃料，以減輕對進口化石燃料的依賴、減少溫室氣體排放、刺激地方經濟成長與創造就業機會，同時還可維持糧食安全與自然資源保育，進而落實一套如圖 10-7 所示的永續生物經濟（sustainable bioeconomy）。

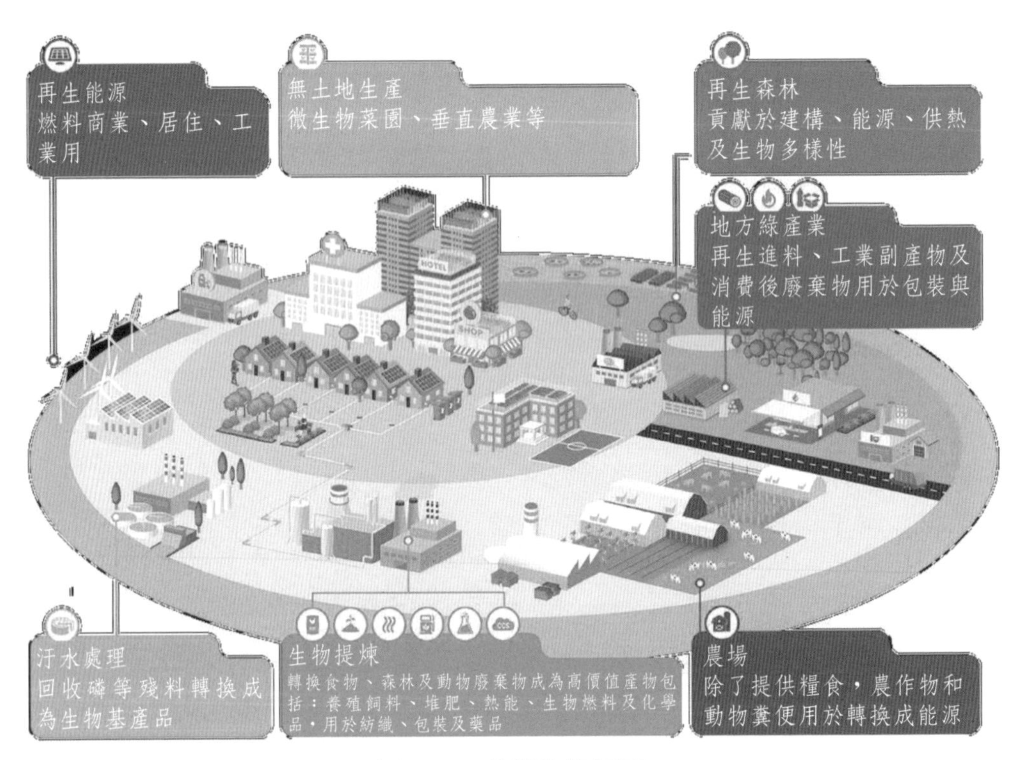
再生能源
燃料商業、居住、工業用
無土地生產
微生物菜園、垂直農業等
再生森林
貢獻於建構、能源、供熱及生物多樣性
地方綠產業
再生進料、工業副產物及消費後廢棄物用於包裝與能源
HOTEL
SHOP
汙水處理
回收磷等殘料轉換成為生物基產品
生物提煉
轉換食物、森林及動物廢棄物成為高價值產物包括：養殖飼料、堆肥、熱能、生物燃料及化學品，用於紡織、包裝及藥品
農場
除了提供糧食，農作物和動物糞便用於轉換成能源

圖 10-7　永續生物經濟

參考文獻

Antonini, C; Treyer, K; Moioli, E; Bauer, C; Schildhauer, T; Mazzotti, M. 2021. Hydrogen from wood gasification with CCS-a techno-environmental analysis of production and use as transport fuel. Sustain Energy Fuels 5(2021):2602-2621

Babin, A; Vaneeckhaute, C; Iliuta, M. 2021. Potential and challenges of bioenergy with carbon capture and storage as a carbon-negative energy source: A review. Biomass and Bioenergy 146(2021):105968

Balcioglu, G; Jeswani, H; Azapagic, A. 2023. A sustainability assessment of utilising energy crops for heat and electricity generation in Turkey. Sustainable Production and Consumption 41(2023):134-155

Bengtsson, S; Andersson, K; Fridell, E. 2011. A comparative life cycle assessment of marine fuels: liquefied natural gas and three other fossil fuels. Proceed. Instit. Mech. Eng. Part M, 225(2):97-110

Bengtsson, S; Fridell, E; Andersson, K. 2014. Fuels for short sea shipping: a comparative assessment with focus on environmental impact. Proc IMechE Part M 228(1):44-54

Bicer, Y; Dincer, I. 2018. Environmental impact categories of hydrogen and ammonia driven transoceanic maritime vehicles: A comparative evaluation. Int J Hydrogen Energy, 43(2018): 4583-4596

Bilgili, F; Koçak, E; Bulut, Ü; Ku kaya, S. 2017. Can biomass energy be an efficient policy tool for sustainable development? Renewable and Sustainable Energy Reviews 71: 830-845

Bouman, E; Lindstad, E; Rialland, A; Strømman, A. 2017. State-of-the-art technologies, measures, and potential for reducing GHG emissions from shipping-A review. Transp Res Part D Transp Environ, 52(2017):408-421

Brynolf, S; Fridell, E; Andersson, K. 2014. Environmental assessment of marine fuels: liquefied natural gas, liquefied biogas, methanol and bio-methanol J. Clean. Prod. 74(2014):86-95

Casseres, E; Carvalho, F; Nogueira, T; Fonte, C; Império, M; Poggio, M. 2021. Production of alternative marine fuels in Brazil: An integrated assessment perspective. Energy, 219(2021):119444

Chandrasekaran, S, Wammes, P, Posada, J. 2021. Life-cycle assessment of marine biofuels from thermochemical liquefaction of different olive residues in Spain. Resources, Conservation and Recycling. 174(2021):105763

Chaurasiya, P. 2022. Influence of injection timing on performance, combustion and emission characteristics of a diesel engine running on hydrogen-diethyl ether, n-butanol and biodiesel blends. Int J Hydrogen Energy 47(41):18182-18193

Demirbas, A. 2009. Political, economic and environmental impacts of biofuels: A review. Applied Energy 86: S108-S117.

DNV. Maritime forecast to 2050. Høvik, Norway: 2021. https://www.dnv.com/maritime/publications/maritime-forecast-to-2050-download.html.

Giehl , A; Klanovicz , N; Frumi , A; Albarello, M; Treichel, H; Luiz Alves, S. 2023. Ethanol and electricity: Fueling or fooling the future of road passenger transport? Energy Nexus 12(2023):100258

Gies, E. 2010. As Ethanol Booms, Critics Warn of Environmental Effect Archived 1 July 2017 at the Wayback Machine The New York Times, 24 June 2010.

Gilbert, P; Walsh, C; Traut, M; Kesieme, U; Pazouki, K; Murphy, A. 2018. Assessment of full life-cycle air emissions of alternative shipping fuels. J. Clean Prod., 172 (2018), pp. 855-866

Gvein, M; Hu, X; Næss, J; Watanabe, M; Cavalett, O; Malbranque, M. 2023. Potential of land-based climate change mitigation strategies on abandoned cropland. Commun Earth Environ 4(1)

Hakkarainen, E; Hannula, I; Vakkilainen, E. 2019. Bioenergy RES hybrids assessment of status in Finland, Austria, Germany, and Denmark. Biofuels, Bioproducts and Biorefining 13 (6):1402-1416.

Hansson, J; Månsson, S; Brynolf, S; Grahn, M. 2019. Alternative marine fuels: prospects based on multi-criteria decision analysis involving Swedish stakeholders. Biomass Bioenergy 126 (2019):159-173

Harvey, C; Heikkinen, N. 2018. Congress Says Biomass Is Carbon Neutral but Scientists Disagree - Using wood as fuel source could actually increase CO2 emissions. Scientific American.

IMO. Fourth IMO GHG Study 2020: executive summary. London: 2020. https://wwwcdn.imo.org/localresources/en/OurWork/Environment/Documents/Fourth IMO GHG Study 2020 Executive-Summary.pdf.

Jin, H.; Ishida, M. 2000. A novel gas turbine cycle with hydrogen-fueled chemical- looping combustion. International Journal of Hydrogen Energy 25 (2000):1209-1215.

Kesieme, U; Pazouki, K; Murphy, A; Chrysanthou, A. 2019. Biofuel as an alternative shipping fuel: technological, environmental and economic assessment. Sustain. Energy Fuel 3(4):899-909

Ketzer, D; Weinberger, N; Rösch, C; Seitz, S B. 2020. Land use conflicts between biomass and power production - citizens' participation in the technology development of Agrophotovoltaics. Journal of Responsible Innovation 7(2):193-216.

Leirpoll, M; Næss, J; Cavalett, O; Dorber, M; Hu, S; Cherubini, F. 2021. Optimal combination of bioenergy and solar photovoltaic for renewable energy production on abandoned cropland. Renew Energy 168(2021):45-56

Li, M; Lenzen, M; Yousefzadeh, M; Ximenes, F A. 2020. The roles of biomass and CSP in a 100 % renewable electricity supply in Australia. Biomass and Bioenergy 143: 105802.

Lozano, E; Pedersen, E; Rosendahl, L. 2020. Integration of hydrothermal liquefaction and carbon capture and storage for the production of advanced liquid biofuels with negative CO2 emissions. Appl Energy, 279 (2020):115753

Magazzino, C; Mele, M; Schneider, N; Shahbaz, M. 2021. Can biomass energy curtail environmental pollution? A quantum model approach to Germany. Journal of Environmental Management. 287: 112293.

Marshall, A. 2007. Bioenergy from Waste: A Growing Source of Power, Waste Management World Magazine, April, p34-37.

McGrath, M. 2020. Climate change: Green energy plant threat to wilderness areas. bbc.com. Archived from the original on 30 May 2020.

Mohd Noor, C; Noor, M; Mamat, R. 2018. Biodiesel as alternative fuel for marine diesel engine applications: a review. Renew. Sustain. Energy Rev. 94(2018): 127-142

Mukherjee, A; Bruijnincx, P; Junginger, M. 2020. A perspective on biofuels use and CCS for GHG mitigation in the marine sector. Iscience, 23(11):101758

Næss, J; Cavalett, O; Cherubini, F. 2021. The land-energy-water nexus of global bioenergy potentials from abandoned cropland. Nat Sustain 4(2021):525-536

Ndayishimiye, P. Use of palm oil-based biofuel in the internal combustion engines: performance and emissions characteristics. Energy 36(3):1790-1796

Oreggioni, G; Singh, B; Cherubini, F; Guest, G; Lausselet, C; Luberti, M. 2017. Environmental assessment of biomass gasification combined heat and power plants with absorptive and adsorptive carbon capture units in Norway. Int J Greenh Gas Control 57(2017):162-172

Righi, M; Klinger, C; Eyring, V; Hendricks, J; Lauer, A; Petzold, A. 2011. Climate impact of biofuels in shipping: global model studies of the aerosol indirect effect. Environ. Sci. Technol., 45 (8) (2011), pp. 3519-3525

Scarlat, N; Fahl, F; Lugato, E; Monforti-Ferrario, F; Dallemand, J. 2019. Integrated and spatially explicit assessment of sustainable crop residues potential in Europe. Biomass Bioenergy 122(2019):257-269

Skov, I; Schneider, N. 2022. Incentive structures for power-to-X and e-fuel pathways for transport in EU and member states. Energy Policy 168(2022):113121

Stark, M; Sonnleitner, M; Zörner, W; Greenough, R. 2017. Approaches for Dispatchable Biomass Plants with Particular Focus on Steam Storage Devices. Chemical Engineering & Technology 40 (2): 227-237.

Takahashi, S. 2003. Hydrogen internal combustion sterling engine. JSME International Journal Series B, 46(4): 633-642.

Tanzer, S; Posada, J; Geraedts, S; Ramírez, A. 2019. Lignocellulosic marine biofuel: technoeconomic and environmental assessment for production in Brazil and Sweden. J. Clean. Prod., 239 (2019):117845

Thorenz, A; Wietschel, L; Stindt, D; Tuma, A. 2018. Assessment of agroforestry residue potentials for the bioeconomy in the European Union. J Clean Prod 176(2018):348-359

Timperly, J. 2017. Biomass subsidies 'not fit for purpose', says Chatham House. Carbon Brief Ltd.

Tsalidis, G; Discha, F; Korevaar, G. 2017. An LCA-based evaluation of biomass to transportation fuel production and utilization pathways in a large port's context. Int. J. Energy Environ. Eng. 8(2017):175-187

Ueckerdt, F; Bauer, C; Dirnaichner, A; Everall, J; Sacchi, R; Luderer, G. 2021. Potential and risks of hydrogen-based e-fuels in climate change mitigation. Nat Clim Chang 11(2021): 384-393

Volk, T; Abrahamson, L. 2000. Developing a Willow Biomass Crop Enterprise for Bioenergy and Bioproducts in the United States. North East Regional Biomass Program.

Watanabe, M; Cherubini, F; Cavalett, O. 2022. Climate change mitigation of drop-in biofuels for deep-sea shipping under a prospective life-cycle assessment. J Clean Prod, 364(2022):132662

Wilczy ski, C; Tala ka, K; Wojtkowiak, D; Górecki, J; Wa sa, K. 2024. Energy consumption of the biomass cutting process preceding the biofuel production. Biosystems Engineering 237(2024):142-156

縮寫與代號

AFEX（Ammonia fiber expansion）

BCCS（Biogenic carbon sequestration）

BECCS（Bioenergy with carbon capture and storage）

Bio-CCS（Biomass with carbon capture and storage）

BOS（Balance of systems）

BSI（Better Sugarcane Initiative）

CBP（Consolidated bioprocessing）

CC（Combined cycle）

CCS（Carbon dioxide capture and storage）

CCUS（Carbon capture, utilisation and storage）

CDM（Clean development mechanism）

CHP（Combined heat and power）

CC（Climate change）

CNG（Compressed natural gas）

CO_2（Carbon dioxide）

CO_2e（Carbon dioxide equivalent）

COP26（Conference of the Parties 26th UN Climate Change）

DC（Direct current or district cooling）

DDG（Distillers dried grains）

DDGS（Distillers dried grains plus solubles）

DH（District heating）

DHC（District heating or cooling）

DHW（Domestic hot water）

DLUC（Direct land use change）

DME（Dimethyl ether）

DPH（Domestic pellet heating）

EIA（Energy Information Administration (USA)）

EMD（Ethanol micro distillery）

EROEI（Energy return on energy investment）

ESMAP（Energy Sector Management Program (World Bank)）

ETBE（Ethyl tertiary butyl ether）

ETP（Energy Technology Perspectives）

ETS（Emission Trading System）

EU（European Union）

EV（Electric vehicle）

FAO（Food and Agriculture Organization of the United Nations）

FASOM（Forest and Agricultural Sector Optimization Model）

FFV（Flexible fuel vehicle）

FIT（Feed-in tariff）

FTD（Fischer-Tropsch diesel）

GBE（Green Bio Energy）

GBEP（Global Bioenergy Partnership）

GDP（Gross domestic product）

GEF（Global Environment Facility）

GHG（Greenhouse gas）

GJ（Gigajoule）

GW（Gigawatt）

GWh（Gigawatt-hour）

HFCV（Hydrogen fuel cell electric vehicle）

HHV（Higher heating value）

HPP（Hydropower plant）

HVAC（Heating, ventilation and air-conditioning）

IAP（Indoor air pollution）

ICE（Internal combustion engine）

ICEV（Internal combustion engine vehicle）

ICTSD（International Centre for Trade and Sustainable）

IEA（International Energy Agency）

IGCC（Integrated gasification combined cycle）

ILUC（Indirect land use change）

IPCC（Intergovernmental Panel on Climate Change）

IRENA（International Renewable Energy Agency）

ISO（International Organization for Standardization）

J（Joule）

kWel（Kilowatt electrical）

kWh（Kilowatt-hour）

kWth（Kilowatt thermal）

LCA（Lifecycle assessment）

LDC（Least Developed Country）

LHV（Lower heating value）

LNG（Liquefied natural gas）

LPG（Liquefied petroleum gas）

LUC（Land use change）

m^3（Cubic meter）

MSW（Municipal solid waste）

Mt（Metric tones）

MTBE（Methyl-tertio-butyl-ether）

MTOE（Million tons of oil equivalent）

MW（Megawatt）

MWel（Megawatt electrical）

MWh（megawatt-hour）

NG（Natural gas）

NGO（Nongovernmental organization）

Nm^3（Normal cubic meter）

NPP（Net primary production）

NPV（Net present value）

OC（Organic carbon）

OECD（Organisation for Economic Co-operation and Development）

OM（Organic matter）

PDI（Power density index）

PM（Particulate matter）

POME（Palm oil mill effluent）

PPA（Purchase power agreement）

RE（Renewable Energy）

RFS（Renewable Fuel Standard）

SD（Sustainable development）

SDG（Sustainable Development Goal）

SI（Suitability index）

SNG（Synthesis gas）

UN（United Nations）

UNCED（United Nations Conference on Environment and Development）

UNDP（United Nations Development Programme）

UNEP（United Nations Environment Programme）

UNFCCC（United Nations Framework Convention on Climate）

USDOE（US Department of Energy）

V（Volt）

W（Watt）

WB（World Bank）

We（Watt of electricity）

WHO（World Health Organization）

WTO（World Trade Organization）

WTW（Well to wheel）

名詞中英對照

依英文字母順序排列

acid rain	酸雨
agropellets	農業顆粒
algae fuel	藻類燃料
alternative fuels	替代燃料
anaerobic bacteria	厭氧菌
anaerobic digesters	厭氧消化器
anaerobic digestion	厭氧消化
anti-knock Index	抗爆指數
babassu oil	巴巴蘇油
backup power	備用電力
base load power	基本負載電力
biobutanol	生物丁醇
biodegradable waste	生物分解廢棄物
biodiesel	生物柴油
Bio-DME di-methyl ether	生物二甲醚
bioenergy	生物能源
bioethanol	生物乙醇
biofuel	生物燃料
biogas	生物氣
Biogas Support Programme, BSP	支持生物氣計畫
biohydrogen	生物氫
biomass	生物質量
Biomass Action Plan	生物質量行動計畫
biomass energy	生質能

biomass-to-liquid	生物質量轉成液體
biomethanol	生物甲醇
bio-oil	生物油
biorefinery	生物提煉
biowastes	生物廢棄物
briquettes	無煙碳球
butanol	丁醇
by-products fuels	燃料附加產品
canola	菜籽油
carbon neutral	碳中和
carbonization	碳化
cassava	樹薯
catalytic dehydration	催化脫水
cellulosic ethanol	纖維乙醇
Chinese goldthread	黃蓮
Climate Change Bill	氣候變遷法案
carbon dioxide, CO_2	二氧化碳
co-firing	共燃
Commission Against Oil Dependence	對抗依賴石油小組
composting	堆肥
compressed ignition engine, CI engine	壓縮點火引擎
compressed natural gas, CNG	壓縮天然氣
compression ratio	壓縮比
continuous crops	連續作物
cooling, heating, and power, CHP	冷卻、加熱及電力
densification	加密
destructive pyrolysis	破壞性熱解
direct biofuels	直接生物燃料

distributed energy, DE	分散能源
electricity	電
emissions credits	排放績效點數
energy balance	能源平衡
energy crops	能源作物
energy flow	能量流通
energy portfolio	能源組合
ethanol	乙醇
EU Strategy for Biofuels	歐盟生物燃料策略
eucalyptus	尤加利樹
European Biofuels Technology Platform	歐洲生物燃料技術平台
European Biomass Industry Association	歐洲生物質量產業協會
Fischer-Tropsch fuel	費托燃料
fixation	固定
flashpoint	閃火點
flaxseed	亞麻子
flexible fuel engine	彈性燃料引擎
formaldehyde	甲醛
formic acid	蟻酸
fossil energy	化石能源
fossil fuel	化石燃料
Friends of the Earth	地球之友
fuel cells, FC	燃料電池
gaseous fuels	氣體燃料
gas-fueled technologies	燃氣技術
gasification	氣化
gasohol	汽醇
gas-to-liquid fuels	氣體轉成液體燃料

General Motors, GM	通用汽車公司
global climate change	全球氣候變遷
global warming	地球暖化
greenhouse gases, GHG	溫室氣體
heat pump	熱泵
hemp	痲
Henry Ford	亨利福特
hydro thermal upgrading diesel, HTU diesel	熱液升級柴油
hydrogen	氫
Hydrogen Economy	氫經濟
hydrogen FC vehicle	氫燃料電池車
hydrolysis	水解作用
International Energy Agency, IEA	國際能源總署
landfill gas	掩埋場氣體
liquefied natural gas, LNG	液化天然氣
liquid fuel production	液化燃料生產
load-following capability	負載伴隨能力
long-term fixation	長期固定
mechanical biological treatment systems	機械生物處理系統
methanol	甲醇
methanol economy	甲醇經濟
microalgae	微藻
municipal solid waste, MSW	市鎮廢棄物
n- butyl alcohol, butanol	丁醇
net metering	淨電表
net sequestration	淨儲存
Nikolaus August Otto	尼古拉斯 奧圖
nitrogen oxides, NOx	氮氧化物

octane rating	辛烷值
octane-boosting additives	辛烷值提升添加劑
oil equivalent	石油當量
oil spill	溢油
oilgae	藻油
organic matter, OM	有機質
oxygenator	和氧器
peak power	尖峰電力
pellet stove	木粒爐
poplar	白楊樹
primary energy	初級能源
producer gas	生成氣
propanol	丙醇
pyrolysis	熱分解
rapeseed	油菜子
reform	重組
remote power	偏遠電力
rotation and fallow	休耕與輪作
Rudolf Diesel	迪塞爾 魯道夫
saw dust	鋸木粉屑
severe heat treatment	過熱處理
solid wastes	固體廢棄物
soot	灰
storage / power hybrid	儲能與發電混合
stover and straw	秸稈
sulfur dioxides, SO_2	二氧化硫
sulfur oxides, SOx	硫氧化物
sustainability	永續性

sustainable	永續
sweet broomcorn	甜掃帚高粱
switchgrass	風傾草
synthesis gas 或 syngas	合成氣
thermochemical conversion	熱化學轉換
thermo-depolymerization, TDP	高溫解聚
thinning	疏伐
tortillas	黍餅
Virgin Atalantic	維京大西洋航空
Volkswagen, VW	福斯
wastewater treatment plant gas	廢水處理廠氣體
wet biomass stock	濕生物質量
Wood Energy Plan	木料能源計畫
wood pellets	木粒
wood residue	木片碎屑
World Energy Outlook	世界能源展望
zero carbon emission	零碳排放

依中文筆畫順序排列

乙醇	ethanol
丁醇	butanol
丁醇	n- butyl alcohol, butanol
二氧化硫	sulfur dioxides, SO_2
二氧化碳	carbon dioxide, CO_2
分散能源	distributed energy, DE
化石能源	fossil energy
化石燃料	fossil fuel
尤加利樹	eucalyptus
巴巴蘇油	babassu oil
支持生物氣計畫	Biogas Support Programme, BSP
木片碎屑	wood residue
木料能源計畫	Wood Energy Plan
木粒	wood pellets
木粒爐	pellet stove
水解作用	hydrolysis
世界能源展望	World Energy Outlook
丙醇	propanol
加密	densification
尼古拉斯 奧圖	Nikolaus August Otto
市鎮廢棄物	municipal solid waste, MSW
永續	sustainable
永續性	sustainability
生物乙醇	bioethanol
生物丁醇	biobutanol
生物二甲醚	bio-DME di-methyl ether
生物分解廢棄物	biodegradable waste

生物甲醇	biomethanol
生物油	bio-oil
生物柴油	biodiesel
生物氣	biogas
生物能源	bioenergy
生物氫	biohydrogen
生物提煉	biorefinery
生物廢棄物	biowastes
生物質量	biomass
生物質量轉成液體	biomass-to-liquid
生物質量行動計畫	Biomass Action Plan
生物燃料	biofuel
生產液化燃料	liquid fuel production
生質能	biomass energy
甲醇	methanol
甲醇經濟	methanol economy
甲醛	formaldehyde
白楊樹	poplar
石油當量	oil equivalent
休耕與輪作	rotation and fallow
全球氣候變遷	global climate change
共燃	co-firing
合成氣	synthesis gas 或 syngas
地球之友	Friends of the Earth
地球暖化	global warming
尖峰電力	peak power
有機質	organic matter, OM
灰	soot

亨利福特	Henry Ford
冷卻、加熱及電力	cooling, heating, and power, CHP
抗爆指數	Anti-knock index
汽醇	Gasohol
辛烷值	octane rating
辛烷值提升添加劑	octane-boosting additives
亞麻子	flaxseed
初級能源	primary energy
和氧器	oxygenator
固定	fixation
固體廢棄物	solid wastes
油菜子	rapeseed
直接生物燃料	direct biofuels
長期固定	Long-term fixation
負載伴隨能力	load-following capability
迪塞爾 魯道夫	Rudolf Diesel
重組	reform
風傾草	switchgrass
秸稈	stover and straw
氣化	gasification
氣候變遷法案	Climate Change Bill
氣體燃料	gaseous fuels
氣體轉成液體燃料	gas-to-liquid fuels
破壞性熱解	destructive pyrolysis
能量流通	energy flow
能源平衡	energy balance
能源作物	energy crops
能源組合	energy portfolio

閃火點	flashpoint
熱液升級柴油	hydro thermal upgrading diesel, HTU diesel
高溫解聚	thermo-depolymerization, TDP
偏遠電力	remote power
國際能源總署	International Energy Agency, IEA
基本負載電力	base load power
堆肥	composting
排放績效點數	emissions credits
掩埋場氣體	landfill gas
氫	hydrogen
氫經濟	Hydrogen Economy
氫燃料電池車	hydrogen FC vehicle
液化天然氣	liquefied natural gas, LNG
淨電表	net metering
淨儲存	net sequestration
甜掃帚高梁	sweet broomcorn
疏伐	thinning
硫氧化物	sulfur oxides, SOx
通用汽車公司	General Motors, GM
連續作物	continuous crops
痲	hemp
備用電力	backup power
替代燃料	alternative fuels
氮氧化物	nitrogen oxides, NOx
無煙碳球	briquettes
菜籽油	canola
費雪燃料	Fischer-Tropsch fuel
黃蓮	Chinese goldthread

黍餅	tortillas
催化脫水	catalytic dehydration
微藻	microalgae
溢油	oil spill
溫室氣體	greenhouse gases, GHG
農業顆粒	agropellets
零碳排放	zero carbon emission
電	electricity
厭氧消化	anaerobic digestion
厭氧消化器	anaerobic digesters
厭氧菌	anaerobic bacteria
對抗依賴石油小組	Commission Against Oil Dependence
碳中和	carbon neutral
碳化	carbonization
福斯	Volkswagen, VW
生成氣	producer gas
維京大西洋航空	Virgin Atalantic
酸雨	acid rain
廢水處理廠氣體	wastewater treatment plant gas
彈性燃料引擎	flexible fuel engine
歐盟生物燃料策略	EU Strategy for Biofuels
歐洲生物質量產業協會	European Biomass Industry Association
歐洲生物燃料技術平台	European Biofuels Technology Platform
熱分解	pyrolysis
熱化學轉換	thermochemical conversion
熱泵	heat pump
過熱處理	severe heat treatment
樹薯	cassava

機械生物處理系統	mechanical biological treatment systems
燃料附加產品	by-products fuels
燃料電池	fuel cells, FC
燃氣技術	gas-fueled technologies
鋸木粉屑	saw dust
儲能與發電混合	storage / power hybrid
壓縮天然氣	compressed natural gas, CNG
壓縮比	compression ratio
壓縮點火引擎	compressed ignition engine, CI engine
濕生物質量	wet biomass stock
蟻酸	formic acid
藻油	oilgae
藻類燃料	algae fuel
纖維乙醇	cellulosic ethanol

國家圖書館出版品預行編目資料

生物能源概論／華健著. ——初版. ——臺北市：五南圖書出版股份有限公司, 2025.01
面； 公分
ISBN 978-626-423-090-2（平裝）

1.CST: 生質能源 2.CST: 能源開發 3.CST: 能源技術

400.15 113020197

5DN4

生物能源概論

作　　者— 華　健（498）
編輯主編— 王正華
責任編輯— 張維文
封面設計— 姚孝慈
出 版 者— 五南圖書出版股份有限公司
發 行 人— 楊榮川
總 經 理— 楊士清
總 編 輯— 楊秀麗
地　　址：106臺北市大安區和平東路二段339號4樓
電　　話：(02)2705-5066　　傳　　真：(02)2706-6100
網　　址：https://www.wunan.com.tw
電子郵件：wunan@wunan.com.tw
劃撥帳號：01068953
戶　　名：五南圖書出版股份有限公司

法律顧問　林勝安律師

出版日期　2025年1月初版一刷
定　　價　新臺幣300元